全国高等院校计算机基础教育研究会

"计算机系统能力培养教学研究与改革课题"立项项目

软件工程
课程设计教程

主　编◎李香菊　孙　丽　谢修娟　操凤萍

副主编◎朱　林

U0290897

北京邮电大学出版社
www.buptpress.com

内 容 简 介

本书是软件工程课程设计的指导教材,全书共 6 章,内容涵盖了软件工程基本概念、结构化软件开发方法介绍、面向对象软件开发方法介绍、软件测试技术介绍、结构化软件开发方法案例文档和面向对象软件开发方法案例文档,附录内容介绍 Visio 2010 和 Rational Rose 2003 两个建模工具的使用方法。本书以增强实践能力为目标,通过实例与理论知识相融合的讲解方式,帮助读者理解软件开发任务,掌握开发方法,参照提供的案例文档完成软件工程课程设计。

本书内容通俗易懂,既可以成为高校软件工程和计算机科学与技术等相关专业本科、专科的软件工程课程设计教材,又可以作为理论课程的辅助教材,也适合作为自学教材,是一本理论联系实际、实践性较强的专业书籍。

图书在版编目(CIP)数据

软件工程课程设计教程 / 李香菊等主编 . -- 北京 :北京邮电大学出版社,2016.1(2023.8重印)
ISBN 978-7-5635-4659-6

Ⅰ. ①软…　Ⅱ. ①李…　Ⅲ. ①软件工程－课程设计－高等学校－教材　Ⅳ. ①TP311.5

中国版本图书馆 CIP 数据核字 (2016) 第 008358 号

书　　　　名:软件工程课程设计教程
著作责任者:李香菊　孙　丽　谢修娟　操凤萍　主编
责 任 编 辑:刘　颖
出 版 发 行:北京邮电大学出版社
社　　　　址:北京市海淀区西土城路 10 号　(邮编:100876)
发 　行 　部:电话:010-62282185　传真:010-62283578
E-mail: publish@bupt.edu.cn
经　　　　销:各地新华书店
印　　　　刷:北京虎彩文化传播有限公司
开　　　　本:787 mm×1 092 mm　1/16
印　　　　张:16.5
字　　　　数:412 千字
版　　　　次:2016 年 1 月第 1 版　2023 年 8 月第 6 次印刷

ISBN 978-7-5635-4659-6　　　　　　　　　　　　　　　　　　定 　价:35.00 元

前　　言

　　软件工程是一门研究软件开发和管理的工程学科,是高等院校计算机科学与技术、软件工程及相关专业重要的主干课程。软件工程课程设计是在软件工程课程后开设的一个综合性的实践教学环节,其目的在于促进学生复习和巩固计算机软件设计知识,加深对软件设计方法、软件设计技术和设计思想的理解,并能运用所学软件设计知识进行综合软件设计,增强软件开发实践能力。

　　总结前期多项关于软件工程课程的教学改革成果,结合社会企业对计算机专业学生实践能力的要求,该教材通过实例与理论知识相融合的讲解方式,适当介绍理论知识,突出实践能力的培养,帮助学生理解软件开发任务,掌握开发方法,参照提供的案例文档完成软件工程课程设计,主要包括如下内容。

　　(1) 软件工程基本概念:介绍软件工程的概念与原理、简单分析软件生命周期、软件开发模型和软件开发方法。

　　(2) 结构化开发方法介绍:讲解如何采用结构化开发方法进行软件开发,选择学生所熟悉的案例,贯穿软件需求分析、概要设计和详细设计的过程,重点分析各阶段要完成的任务和建模方法,以达到深入理解并掌握结构化开发方法的目的。

　　(3) 面向对象软件开发方法介绍:讲解如何采用面向对象开发方法进行软件开发,选择学生熟悉的案例,贯穿软件需求分析、系统分析和系统设计的过程,重点分析各阶段要完成的任务和建模方法,以达到深入理解并掌握面向对象开发方法的目的。

　　(4) 软件测试技术介绍:介绍软件测试分类和测试方法,通过案例讲解软件测试方法。

　　(5) 结构化软件开发方法案例文档:选取案例,按照软件开发过程,完成各个开发阶段的文档,包括系统可行性分析报告、需求分析报告、概要设计报告、详细设计报告和测试报告。

　　(6) 面向对象软件开发方法案例文档:选取案例,按照软件开发过程,完成各个开发阶段的文档,包括系统分析报告、系统设计报告和系统实现报告。

　　(7) 附录内容:介绍建模工具的使用方法,主要是 Visio 2010 和 Rational Rose 2003 两个工具。

　　相比其他软件工程课程设计教材,本教材具有以下特色:

　　(1) 结构化开发方法和面向对象开发方法的讲解涵盖软件工程过程的关键阶段,突出实践性,简单介绍理论知识,重点结合实例分析软件开发过程中要完成的各项任务的方法,揭示软件工程理论在实际开发中的应用。

（2）结合软件工程课程设计的教学目标，对于开发的各个阶段，分别提供了两种开发方法的案例文档，以便读者学习如何编写文档。

（3）测试内容由教授软件测试的老师负责编写，给出了软件测试计划和测试报告的编写方法，并引入基于场景测试的方法。

（4）案例中留出部分任务由学生完成，学生边学边做，加深理解。

本书由李香菊、孙丽、谢修娟、操凤萍担任主编，朱林担任副主编，李香菊负责统稿。具体编写分工为：李香菊编写第1～3章，孙丽编写第4章、第5章中的测试部分及附录C和附录D，操凤萍编写第5章和附录A，谢修娟编写第6章和附录B，朱林为该书的编写搜集了大量的资料。本书中的部分案例选自学生的优秀作业，并经老师进一步完善，于祥、叶慧敏和陈鹏等同学参与了案例资料整理工作。在本书编写的过程中东南大学计算机学院的王晓蔚副教授和沈军教授提了很多建议，在此一并表示感谢。

由于时间仓促和编者水平所限，不当和谬误之处敬请广大专家和读者指正。

编　者
2016 年 1 月 1 日

目　　录

第1章　软件工程综述

1.1　软件的发展与软件工程

软件是程序设计发展到一定规模,并且逐步商品化的过程中形成的。软件除了能够完成预定功能和性能的可执行的计算机程序外,还包括使程序正常执行所需的数据,以及与程序开发、维护和使用有关的图文材料。随着计算机技术的发展,软件开发经历了程序设计阶段、软件设计阶段和软件工程阶段的演变过程。

1946—1955 年,软件开发处于程序设计阶段,此时还没有软件的概念,程序设计规模很小,主要用于科学计算,侧重节省空间和编程技巧,基本没有开发过程的相关文档。

1956—1970 年,社会各行业对软件的需求量剧增,程序规模和应用范围扩大,出现了"软件作坊"的开发组织形式,将程序商业化,进入软件设计阶段。虽然该阶段计算机技术发展迅速,高级编程语言层出不穷,但是软件产品的质量不高,往往不能满足用户需要,导致了"软件危机"的产生。"软件危机"主要指软件开发过程陷入了不可控的情况,如软件开发成本和周期超过预算,缺少开发文档,导致维护困难,软件质量不可靠等。"软件危机"的出现是因为软件规模扩大,复杂度增高,缺乏正确的开发方法,软件开发过程混乱。

自 1970 年起,软件开发人员开始了解决"软件危机"的征程,借鉴其他行业的生产管理手段,将软件开发进行"工程化"管理,软件开发进入了软件工程阶段。软件工程是将系统化的、严格约束的、可量化的工程化方法应用于软件的开发、运行和维护过程,并且随着计算机技术的发展,研究适合软件开发的工程化方法。

目前软件质量主要从适用性、有效性、可修改性、可靠性、可理解性、可维护性、可重用性、可移植性、可追踪性、可互操作性等几个方面衡量,良好的软件工程方法有助于提高软件产品的质量和开发效率,减少维护的困难。

1.2　软件工程的原理

著名软件工程专家 B. Boehm 综合有关专家和学者的意见,总结了多年来开发软件的经验,于 1983 年提出了软件工程的七条基本原理,将工程化方法有效应用到软件开发过程中。

(1) 用分阶段的生存周期计划进行严格的管理

将软件开发与维护的漫长过程划分成若干个阶段,并制订出切实可行的计划,然后严格按照计划对软件的开发与维护工作进行管理。

(2) 坚持进行阶段评审

为软件开发周期的每个阶段制定评审标准,对每个阶段都进行严格的评审,以便尽早发现在软件开发过程中所犯的错误。

（3）实行严格的产品控制

当用户改变需求时，必须实行严格的产品控制，主要通过基线配置管理，保持软件各个配置成分的一致性。一切有关修改软件的建议，特别是涉及对基准配置的修改建议，都必须按照严格的规程进行评审，获得批准以后才能实施修改。

（4）采用现代程序设计技术

采用先进的技术既可提高软件开发的效率，又可提高软件维护的效率。

（5）软件工程结果应能清楚地审查

软件产品是逻辑产品，软件产品的开发过程的工作进展情况可见性差，难以准确度量。为了更好地进行管理，应该根据软件开发项目的总目标及完成期限，规定开发组织的责任和产品标准，从而使得所得到的结果能够清楚地审查。

（6）开发小组的人员应该少而精

开发小组人员的素质和数量是影响软件产品质量和开发效率的重要因素，组成少而精的开发小组是软件工程的一条基本原理。

（7）承认不断改进软件工程实践的必要性

积极主动地采纳新的软件技术，不断总结经验，保证软件开发与维护的过程能赶上时代前进的步伐，能跟上技术的不断进步。

1.3　软件生命周期

软件生命周期是从提出软件开发需求开始，经历软件开发过程，直到软件投入使用，最终被淘汰为止的整个时间。软件生存周期大致分为软件定义、软件开发、软件维护三个阶段，其中定义阶段包括问题定义、可行性研究和需求分析，开发阶段包括概要设计、详细设计、编程和测试，维护阶段包括运行与维护，如图 1.1 所示。将整个软件生命周期划分为若干阶段，每个阶段都有严格的定义、工作内容和审查标准，开发人员可以按照生命周期按部就班地进行软件开发，使规模大、活动多、管理复杂的软件开发活动变得容易控制和管理，以提高软件的质量。

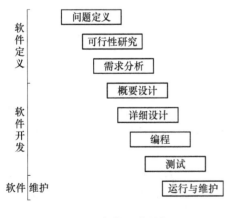

图 1.1　软件生命周期

（1）问题定义：用户提出软件开发需求以后，经过初步的调查和访问，软件开发方与需求方共同讨论，明确软件的实现目标、规模及类型。

（2）可行性研究：经过粗略的分析和设计，得到若干个系统方案，对每一个解决方案都可以从技术上、经济上、社会因素上分析可行性，确定软件开发的可行性。

（3）需求分析：经过详细调研，确定系统的功能、性能和其他方面的要求，建立逻辑模型，回答"系统必须做什么"，并制订系统测试计划。

（4）概要设计：根据需求分析结果，确定系统的事务处理流程，建立系统总体结构和全局数据结构,划分功能模块,定义各个功能模块的接口,并制订集成测试计划。

(5)详细设计:给出软件的每一个构成元素,如程序模块、存储数据结构、输入/输出数据等的实际方案的详细策划,并制订单元测试计划。

(6)编程:编写程序源代码,进行单元测试和调试,编写用户手册。

(7)测试:按照测试计划完成集成测试和系统测试,编写测试报告。

(8)运行与维护:在软件运行过程中,根据用户需求,对软件进行维护,对修改进行配置管理,记录修改记录和故障报告。

在实际软件开发过程中,并不是严格按照生命周期的定义来进行各个阶段的工作的,而是根据软件特点和开发技术等因素,按照某种软件开发模型进行软件开发。软件开发模型是由软件工程师在具体的实践工程活动当中设计并提炼出来,能够覆盖软件生命周期的基本阶段,用一个合理的框架来规范描述。目前典型的软件开发模型如表 1.1 所示。

表 1.1 软件开发模型

开发模型	特 点	适用场合
瀑布模型	线性模型,每一阶段必须完成规定的文档	需求明确的中、小型软件开发
快速原型模型	用户介入早,通过迭代完善用户需求,原型废弃不用	需求模糊的小型软件开发
增量模型	每次迭代完成一个增量,可用于 OO 开发	容易分块的大型软件开发
螺旋模型	典型迭代模型,重视风险分析,可用于 OO 开发	具有不确定性大型软件开发
喷泉模型	以用户需求为动力、以对象为驱动的模型,支持软件复用及多项开发活动的集成	支持面向对象的开发方法
敏捷模型	一种轻量、高效、低风险、更强调团队协作和沟通的开发方式	中小型开发团队,客户需求模糊或多变
统一过程 RUP	基于构件,用例驱动、以基本架构为中心,迭代和增量,时间上分为四个连续的阶段,即初始阶段、细化阶段、构建阶段和交付阶段	基于构件开发,支持面向对象
构件集成模型	软件开发与构件开发平行进行	领域工程、行业的中型软件开发

1.4 软件开发方法

软件开发方法是认识、理解和描述软件系统结构的一种思维模式,是软件开发所遵循的办法和步骤,以保证所得到的运行系统和支持的文档满足质量要求。软件开发人员在实践过程中,总结了一些有效的开发方法,如 Parnas 方法、结构化开发方法、面向数据结构的软件开发方法、PAM 问题分析法、面向对象的软件开发方法、可视化开发方法、ICASE 方法、软件重用和组件连接方法,本书重点介绍结构化开发方法和面向对象的开发方法。

结构化开发方法是由 E. Yourdon 和 L. L. Constantine 提出的,强调系统结构的合理性以及所开发的软件的结构的合理性,主要是面向数据流的,因此也被称为面向功能的软件开发方法或面向数据流的软件开发方法。针对软件生命周期各个不同的阶段,结构化开发方法有结构化分析(SA)、结构化设计(SD)和结构化程序设计(SP)等组成。结构化设计方法是以自顶向下,逐步求精为基点,以模块化、抽象、逐层分解求精,信息隐蔽化、局部化和保持模块独立为准则,以数据流图、数据字典、结构化语言、判定表、判定树等图形表达为主要手段,强调开发方法的结构合理性和系统的结构合理性的软件分析方法。

面向对象开发方法是一种把面向对象的思想应用于软件开发过程中,指导软件开发活动的系统方法。面向对象开发方法是基于所研究的问题,对问题空间进行自然分割,识别其中的对象及其相关关系,以"对象"为基础对软件进行处理的开发方法。它按照人类自己认识客观世界的一般方法和一般思维去分析和解决问题,是人类认识过程的计算机模拟。面向对象开发方法就是基于对象概念,以对象为中心,以类和继承为构造机制,来认识、理解、刻画客观世界和设计、构建相应的软件系统。

结构化开发方法和面向对象开发方法有如下区别。

(1)处理问题时的出发点不同

结构化方法强调过程抽象化和模块化,以过程为中心;面向对象方法强调把问题域直接映射到对象及对象之间的接口上,用符合人们通常思维方式来处理客观世界的问题。

(2)处理问题的基本单位和层次逻辑关系不同

结构化方法把客观世界的问题抽象成计算机可以处理的过程,处理问题的基本单位是能够表达过程的功能模块,用模块的层次结构概括模块或模块间的关系和功能;面向对象方法是用计算机逻辑来模拟客观世界中的物理存在,以对象的集合类作为处理问题的基本单位,尽可能使计算机世界向客观世界靠拢,它用类的层次结构来体现类之间的继承和发展。

(3)数据处理方式与控制程序方式不同

结构化方法是直接通过数据流来驱动,各个模块程序之间存在着控制与被控制的关系;面向对象方法是通过用例(业务)来驱动,是以人为本的方法,站在客户的角度去考虑问题。

第2章 结构化系统分析与设计方法

本章以某企业的采购业务为案例,按照软件生命周期的划分,详细讲解结构化可行性分析、需求分析、概要设计和详细设计四个阶段的任务及开发过程。

2.1 结构化开发方法概述

结构化方法是最早最传统的软件开发方法,也是迄今为止信息系统中应用最普遍、最成熟的一种,它引入了工程思想和结构化思想,使大型软件的开发和编程都得到了极大的改善。针对软件生存周期各个不同的阶段,结构化开发方法由结构化分析(SA)、结构化设计(SD)和结构化程序设计(SP)等过程组成。

结构化方法的基本思想可概括为:自顶向下、逐步求精、模块化技术。自顶向下逐层分解,是指在程序设计时,先考虑问题大的方面,在确定了主要方向后,再由表及里深入到问题具体的细节,由易到难,逐层解决问题。这是一个由模糊到清晰,由概括到具体的过程,如图2.1所示。而逐步求精是在遇到复杂问题的时候,先设计一些子目标作为过渡,来逐步细化。结构化方法强调功能抽象和模块化,采取了分块处理问题的方法,可以把一个比较复杂的问题分解为若干个容易处理解决的部分,从而降低了问题处理的难度。

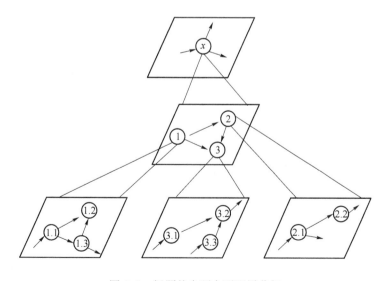

图 2.1　问题的自顶向下逐层分解

2.2　案例介绍

本章主要针对下述案例讲解软件的结构化开发过程。

某企业生产某种商品,组织结构有管理部门、生产部门、采购部门、销售部门、库存部门、财务部门、人事部门等,该案例重点分析采购业务的处理过程。采购部门负责企业生产的原材料的采购,首先,库存部门按照生产需求与库存情况,填写采购申请单,并提交给采购部门;然后,采购部门按照采购申请单,查询原材料信息及供应商信息,制订采购订单,并提交部门审核人进行审核,未通过审核的订单需要重新编订,审核通过的订单交付给指定的供应商,要求供货,同时,采购部门根据合格的采购订单编制采购付款申请单,并提交财务部门;最后,供应商按时供货,并提供供货单,采购部门根据采购订单验证供货单和商品,将符合要求的材料入库,编制采购入库申请单,并提交给库存部门;如果不符合要求,则要求退货,并制定退货单给供应商,同时制定采购退货收款申请单,并提交给财务部门。

2.3　结构化可行性分析

可行性分析是指在软件项目计划阶段,用最小的代价在尽可能短的时间内,研究并确定客户提出的问题是否有行得通的解决办法。如果问题没有解决方案或者不值得解决,分析员应该建议停止该项目,以避免时间、资源、人力和金钱的浪费;如果问题值得解决,分析员应该提供一个解决方案。

2.3.1　可行性分析任务

项目的可行性分析主要完成如下任务。

(1) 对当前正在使用的系统或工作方式进行调查研究,进一步确定系统规模和目标。

(2) 以当前系统为基础,结合用户对问题的描述,导出目标系统的逻辑模型;设计不同的解决方案,然后比较多个备选方案,分析利弊,主要从经济可行性、技术可行性、操作可行性和社会可行性四个方面进行分析,判断原定的系统目标和规模是否现实,系统完成后所能带来的效益是否大到值得投资开发这个系统的程度。

(3) 最后,编写可行性分析报告,给出结论意见。

2.3.2　案例讲解可行性分析过程

1. 用系统流程图对现有系统进行分析

系统流程图用图形符号以黑盒子形式描绘系统里面的每个部件(程序、文件、数据库、表格、人工过程等),是描绘物理系统的传统工具。系统分析员了解系统业务处理概况的过程后,采用图形的方式描述业务处理过程,它是系统分析员做进一步分析的依据,也是系统分析员、管理员、业务操作员相互交流的工具,利用它可以帮助分析人员找出业务流程中的不合理流向。

系统流程图的绘制是按照系统业务的实际处理步骤和过程进行的,习惯画法是使信息在图中从顶向下或从左向右流动。每个符号代表了系统的一个部分,并没有指明内部处理细节,箭头表示信息流转的路径或流程。系统流程图常用符号如表2.1所示。

表 2.1　系统流程图符号

符号	名称	说　明
	穿孔卡片	表示用穿孔卡片输入或输出,也可表示一个穿孔卡片文件
	文档	通常表示打印输出,也可表示用打印终端输入数据
	磁带	磁带输入/输出,或表示一个磁带文件
	联机存储	表示任何种类的联机存储,包括磁盘、磁鼓、软盘和海量存储器件等
	磁盘	磁盘输入/输出,也可表示存储在磁盘上的文件或数据库
	磁鼓	磁鼓输入/输出,也可表示存储在磁鼓上的文件或数据库
	显示	CRT 终端或类似的显示部件,可用于输入或输出,也可既输入又输出
	人工输入	人工输入数据的脱机处理,例如,填写表格
	人工操作	人工完成的处理,例如,会计在工资支票上签名
	输助操作	使用设备进行的脱机操作
	通信链路	通过远程通信线路或链路传送数据

在画业务流程图之前,要对现行系统进行详细调查,并写出现行系统业务流程总结。

(1)库存部门按照生产需求与库存情况,填写采购申请单,并提交给采购部门;然后,采购部门按照采购申请单,查询原材料信息及供应商信息,制订采购订单。

(2)将采购订单提交部门审核人进行审核,未通过审核的订单需要重新编订,审核通过的订单交付给指定的供应商,要求供货。

(3)采购部门根据合格的采购订单编制采购付款申请单,并提交财务部门。

(4)供应商按时供货,并提供供货单,采购部门根据采购订单验证供货单和商品。

(5)将符合要求的材料入库,编制采购入库申请单,并提交给库存部门;如果不符合要求,则要求退货,并制订退货单给供应商。

(6)采购部门对不合格的原材料制订采购退货收款申请单,并提交给财务部门。

按照上述流程完成系统流程图,如图2.2所示。

2. 推荐方案的可行性分析

对现有系统进行初步分析后,分析人员可以给出不同的解决方案,然后对方案进行可行性分析,主要从经济可行性、技术可行性、操作可行性和社会可行性四个方面进行分析,得到最好的推荐方案。

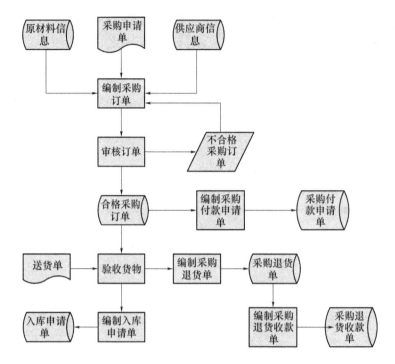

图2.2 采购系统流程图

经济可行性:分析员需要进行成本/效益分析,从经济角度判断系统开发是否"合算"。所谓成本,包括购置并安装软、硬件及有关设备的费用、系统开发费用、系统安装、运行及维护的费用、人员培训费用。而效益是指系统为用户增加的收入或为用户节省的开支,还有给潜在用户心理上造成的影响,也是间接效益。

技术可行性:进行技术风险评价,通过对备选方案进行一系列的试验、评审和修改,最后由项目管理人员做出是否进行系统开发的决定。主要从开发者的技术实力、以往工作基础、问题的复杂性等出发,判断系统开发在时间、费用等限制条件下成功的可能性。如果开发技术风险很大,或者模型演示表明当前采用的技术和方法不能实现系统预期的功能和性能,或者系统的实现不支持各子系统的集成,则项目管理人员可以做出停止系统开发的决定。

操作可行性:方案要符合用户的操作习惯,能够与用户业务的手工作业部分以及相关系统平滑连接,融合为一个有机的系统。通过软硬件提供给用户的操作方式,既要便于计算机实现,又要符合人机功效学原理。

社会可行性:从法律、社会效益等更广泛的方面研究每种方案的可行性。分析要开发的项目是否存在侵权、妨碍等社会责任问题;系统运行方式在用户组织内是否行得通;现有的管理制度、人员素质、操作方式是否可行等。

2.4 结构化系统需求分析

需求分析的主要任务是确定系统"要做什么",通过软件开发人员与用户的交流和讨论,进行细致的调查分析,准确理解用户的功能需求、性能需求、运行环境需求和操作界面需求,将用户非形式的需求陈述转化为完整的需求定义,再由需求定义转换到相应的形式功能规约(需求规格说明)。软件需求虽处于软件开发过程的开始阶段,但它对于整个软件开发过程以及软件产品质量是至关重要的。

2.4.1　结构化需求分析任务

结构化分析(Structured Analysis,SA),是面向数据流进行需求分析的方法,使用简单易读符号,根据软件内部数据传递、变换的关系,自顶向下逐层分解,描绘出满足功能要求的软件模型。

1. 通过调查研究,获取用户的需求

软件开发人员通过阅读描述系统需求的用户文档,对相关软件、技术的市场调查,对管理部门、系统用户的访问咨询,对工作现场的实际考察等方法,对用户需求进行认真细致的调查研究,获得进行系统分析的原始资料。用户对系统的需求通常可分为功能需求和非功能性需求两类。

(1)功能性需求:主要说明了待开发系统在功能上实际应做到什么,是用户最主要的需求。主要包括系统的输入、系统能完成的功能、系统的输出及其他反应。

(2)非功能性需求:从各个角度对系统的约束和限制。主要包括过程需求(如交付需求、实现方法需求等)、产品需求(如可靠性需求、可移植性需求、安全保密性需求等)和外部需求(如法规需求、费用需求等)等。

此外,还需要根据系统特点明确软件运行时所需要的软、硬件的环境需求,明确用户使用系统方式和输入数据格式的用户界面需求。

2. 仔细分析用户需求,确定系统的真正需求

对于获取的原始需求,软件开发人员需要根据掌握的专业知识,运用抽象的逻辑思维,找出需求的内在联系和矛盾,去除需求中不合理和非本质的部分,确定软件系统的真正需求。

3. 描述需求,建立系统的逻辑模型

建立软件需求模型是需求分析的核心工作,它通过建立需求的多种视图,可以修正需求中的不正确、不一致、遗漏和冗余等更深的问题。需求分析阶段的逻辑模型主要有数据流图、数据字典、实体-关系图和状态-迁移图,如图 2.3 所示。数据流图反映系统内部的各类数据信息在实际业务中的处理过程,从数据如何加工处理的角度,可以比较清晰地描述用户需求;数据字典是对数据流图中的数据信息、存储信息和加工信息的进一步说明,对于较复杂的加工过程,可以采用加工描述的形式单独说明,如判断表、判断树和结构化语言;实体-关系图反映系统中实体数据的关系,为后期数据库设计做铺垫,所谓实体就是需要存储的数据;状态-迁移图反映系统中某个实体存在的多个状态,以及在不同状态之间的转换条件。

4. 书写需求说明书,进行需求复审

需求阶段应提交的主要文档包括需求规格说明书,把双方共同的理解与分析结果用规范的方式描述出来,作为今后各项工作的基础。为了保证软件开发的质量,对软件需求阶段的工作要按照严格的规范进行复审,从不同的技术角度对该阶段工作做出综合性的评价。复审既要有用户参加,也要有管理部门和软件开发人员参加。

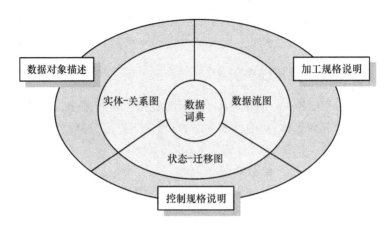

图 2.3　结构化需求分析建模关系图

2.4.2　案例讲解结构化需求分析过程

在软件需求分析阶段,系统分析人员通过多种渠道和用户沟通,充分了解用户需求,然后细化并确定系统的最终需求,并通过建模的方式,利用图形表达用户需求,使用的描述工具主要有数据流图(DFD)、数据字典、结构化语言、判定表以及判定树等。

1. 数据流图

数据流程分析主要分析系统内部的各类数据信息在实际业务中的处理过程。数据流图(Data Flow Diagram,DFD),从数据传递和加工角度,以图形方式来表达系统的逻辑功能、数据在系统内部的逻辑流向和逻辑变换过程,描绘信息流和数据从输入移动到输出的过程中所经受的变换,是结构化系统分析方法的主要表达工具及用于表示软件模型的一种图示方法。

数据流图有四种基本图形符号,如图 2.4 所示。

- 外部项(数据源点或终点):与软件系统进行数据交互的外部环境中的实体,可以是用户、组织或其他软件系统。
- 加工(数据处理):对数据流进行某些操作或变换。每个加工也要有名字,通常是动词短语,简明地描述完成什么加工。在分层的数据流图中,加工还应编号。
- 数据存储(文件):系统需要保存的数据,可以是数据库文件或其他形式的数据存储组织。
- 数据流:是在系统内需要进行加工处理的各类数据信息,有流向,除了与数据存储之间的数据流不用命名外,数据流应该用名词或名词短语命名。数据流由一些数据项组成,如订票单由旅客姓名、年龄、单位、身份证号、日期、目的地等数据项组成。

为了表达数据处理过程的数据加工情况,一个复杂系统的数据流图常常出现十几个甚至几十个加工,这样的数据流图看起来很不清楚,层次结构的数据流图能很好地解决这一问题。按照系统的层次结构进行逐步分解,并以分层的数据流图反映这种结构关系,能清楚地表达和容易理解整个系统。图 2.5 给出分层数据流图的示例。数据处理 S 包括三个子系统1、2、3。顶层下面的第一层数据流图为 DFD/L1。第二层数据流图 DFD/L2.1、DFD/L2.2及 DFD/L2.3 分别是子系统 1、2 和 3 的细化。对任何一层数据流图来说,我们称它的上层图为父图,在它下一层的图则称为子图。

使用数据流图建立系统需求模型的步骤如下。

（1）确定系统的输入输出,画出顶层数据流图。向用户了解"系统从外界接受什么数据""系统向外界送出什么数据"等信息,然后,根据用户的答复确定数据流图的外围,完成顶层数据流图。顶层数据流图只含有一个加工表示整个系统,输出数据流和输入数据流为系统的输入数据和输出数据,表明系统的范围,以及与外部环境的数据交换关系。经过对案例的分析,确定该采

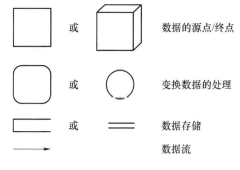

图 2.4　数据流图符号

购系统外围实体包括库存部门、财务部门和供应商,采购部门为系统内部操作者。库存部门向系统输入采购申请单,并获取系统输出的采购入库申请单。财务部门从系统得到采购订单、采购退货收款单和采购付款申请单。供应商向系统提供供货单,得到采购订单和采购退货单。图 2.6 为企业采购系统的顶层数据流图。

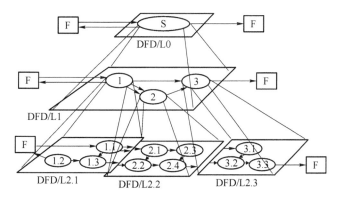

图 2.5　分层数据流图

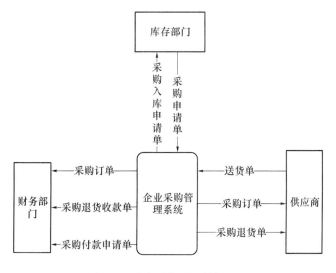

图 2.6　采购系统顶层数据流图

（2）自顶向下逐层分解，绘出中层数据流图。分解顶层流图的系统为若干子系统，决定每个子系统间的数据接口和活动关系。如图 2.7 中将企业采购系统按照功能分为编制订单、收货管理和货款管理三个子加工。中间层次的多少，一般视系统的复杂程度而定。复杂的系统可以继续画出多个中层数据流图，对父层数据流图中某个加工进行细化。根据项目介绍将采购业务分成三个子系统：编制订单、收货管理和货款管理。"编制订单"加工按照收到的采购申请单，参照材料信息和供应商信息，制订采购订单，将订单发送给供货商。"收货管理"加工按照采购订单和送货单完成收货验证，合格货品制订采购入库申请单，并发送给库存部门，不合格货品制定退货单发送给供应商。"货款管理"加工按照采购订单生成采购付款单，按照退货单生成退款单，并发送给财务部门，完成货款的交付。

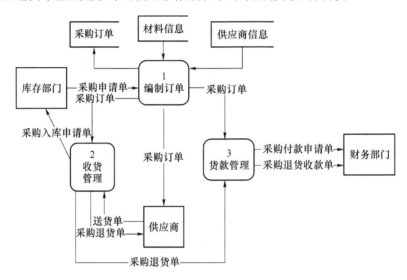

图 2.7　采购系统一层数据流图

对得到的第一层数据流图进行进一步分解，直到数据流图里面的加工不能再分解，其加工称为"原子加工"，得到系统底层数据流图。如图 2.8 是对加工 2"收货管理"的细化。按照收货流程，将"收货管理"加工细化为检验商品、编制采购退货单和编制采购入库申请单。"检验商品"加工按照送货单和采购订单，验证原材料是否是符合采购要求的。"编制采购退货单"加工根据得到的不合格商品信息，编制退货单，并将退货单发送给供货商。"编制采购入库申请单"加工将合格的商品编制入库申请单，并发送给库存部门，完成入库操作。

对数据流图中各个加工进一步细化，得到底层数据流图，如图 2.9 所示。

绘制数据流图的注意事项如下。

（1）命名。不论数据流、数据存储还是数据加工，合适的命名使人们易于理解其含义。数据流和数据文件名称只能是名词或名词短语，反映能用计算机处理的数据是什么，如"送货单"，加工的名字应当是"名词＋宾语"，表明做什么事情，如"编制采购退货单"。

（2）每个加工至少有一个输入数据流和一个输出数据流，反映出此加工数据的来源与加工的结果。

（3）编号。如果一张数据流图中的某个加工分解成另一张数据流图时，则上层图为父图，直接下层图为子图。在数据流图中，需按层给加工框编号。编号表明该加工处在哪一层，以及上下层的父图与子图的对应关系。如图 2.10 表示的子图是对父图中加工"4 订货

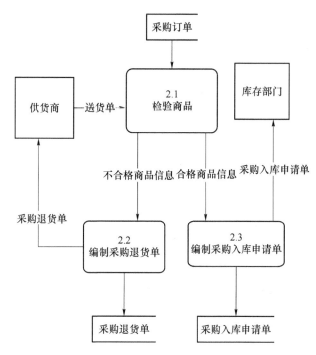

图 2.8 加工"收货管理"的细化

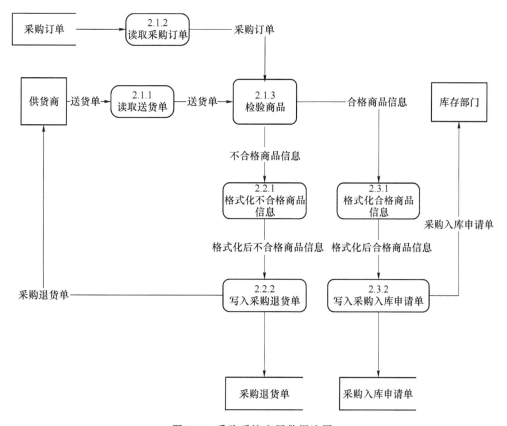

图 2.9 采购系统底层数据流图

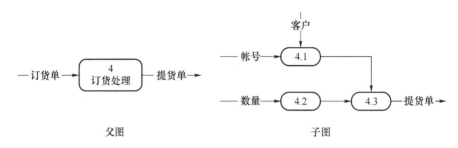

图 2.10 父图与子图

处理"的细化,子图中加工的编号分别是"4.1""4.2"和"4.3"。

（4）父图与子图的平衡。子图的输入输出数据流同父图相应加工的输入输出数据流必须一致,不是单纯的看输入输出流的数量,而是内容。如图 2.10 中的父图有输入流"订货单",输出流"提货单",在子图中,输入流有"客户""账号"和"数量",这些信息时订货单的拆分,分别在不同的子加工中进行处理,仍然符合父图与子图的平衡。

（5）数据流图上所有图形符号只限于四种基本图形元素。

（6）数据流图中不可夹带控制流。

2. 数据字典

数据流图只是反映系统内部数据的处理流程,但是数据的定义和对数据加工处理的过程并没有体现出来。数据字典(Data Dictionary,DD)是以特定格式记录下来的、对系统的数据流图中各个基本要素(数据流、加工、存储和外部项)的内容和特征所做的完整的定义和说明,是对数据流图的重要补充。数据字典以一种准确的、无二义性的说明方式为系统的分析、设计及维护提供了有关元素的一致的定义和详细的描述,和数据流图共同构成了系统的逻辑模型,是需求规格说明书的主要组成部分。数据字典对数据流图中的数据流、数据项、数据存储和基本加工四种信息进行定义。

（1）数据流条目

数据流条目给出了 DFD 中数据流的定义,通常列出该数据流的各组成数据项。在定义数据流或数据存储组成时,使用的符号如表 2.2 所示。

表 2.2　数据字典符号表

符号	含义	例及说明
＝	被定义为	
＋	与	x＝a＋b 表示 x 由 a 和 b 组成
[...|...]	或	x＝[a|b]表示 x 由 a 或 b 组成
m{...}n 或 {...}mn	重复	x＝2{a}5 表示 x 中最少出现 2 次 a,最多出现 5 次 a,2 为重复次数的上、下限
{...}	重复	x＝{a}表示 x 由 0 个或多个 a 组成
(...)	可选	x＝(a)表示 a 可在 x 中出现,也可不出现
"..."	基本数据元素	x＝"a",表示 x 是取值为字符 a 的数据元素
..	连接符	x＝1..9,表示 x 可取 1 到 9 中任意一个值

　　数据流条目主要描述数据流图中的数据流信息,包括名称、别名、简述、来源、去向和组成。具体案例如表2.3所示。

表2.3　采购申请单数据字典

数据流名称:采购申请单

别名:无

简述:库存部门根据库存情况与生产需求,提出的采购申请

来源:库存部门

去向:加工1.1"编制采购订单"

组成:采购申请单编号＋申请日期＋{商品编号＋商品名称＋规格型号＋计量单位＋申请采购数量＋现有库存量}

　　(2)数据存储条目

　　数据存储条目是对数据流图中数据存储的定义,主要包括名称、别名、简述、组成、组织方式和查询要求。具体案例如表2.4所示。

表2.4　采购订单数据字典

数据存储名称:采购订单

别名:无

简述:存放采购订单的基本信息

组成:采购订单编号＋供应商编号＋供应商名称＋到货日期＋制单人＋审核人＋{商品编号＋商品名称＋规格型号＋计量单位＋采购数量＋采购单价＋采购金额}

组织方式:索引文件,以采购订单编号为关键字

查询要求:要求能立即查询

　　(3)数据项条目

　　数据项条目是不可再分解的数据单位,往往是数据流和数据存储的组成部分,其定义格式包括名称、别名、简述、类型、长度、各位的取值范围和含义。具体案例如表2.5所示。

表2.5　采购订单编号数据字典

数据项名称:采购订单编号

别名:无

简述:本企业的采购订单编号

类型:字符串

长度:13

取值范围及含义:

第1,2位:CD

第3～10位:日期

第11～13位:当日单据流水号

　　(4)加工条目

　　加工条目是用来说明DFD中基本加工的处理逻辑的,由于上层的加工是由下层的基本加工分解而来,只要有了底层数据流图基本加工的说明,就可理解顶层和中间层数据流图的加工。加工描述包括名称、编号、激发条件、优先级、输入、输出和加工逻辑。具体案例如

表 2.6 所示。

表 2.6　检验商品数据字典

加工名:检验商品 编号:2.1 激发条件:接收到供货商提供的货物 优先级:普通 输入:供货单、采购订单 输出:合格商品信息、不合格商品信息 加工逻辑:根据采购订单中原材料的信息,比对供货单原材料信息,确定采购订单中每种原材料是否得到正确的供货

3. 加工逻辑说明

加工逻辑说明用来说明 DFD 中的数据加工的加工细节,描述了数据加工的输入,实现加工的算法以及产生的输出,指明了加工(功能)的约束和限制,与加工相关的性能要求,以及影响加工的实现方式的设计约束。必须注意,写加工逻辑说明的主要目的是要表达"做什么",而不是"怎样做"。因此它应描述数据加工实现加工的策略而不是实现加工的细节。目前用于描述数据流图中不能被再分解的每一个加工的工具有结构化语言、判定表和判定树。

(1) 结构化语言

结构化语言是介于自然语言和形式语言之间的一种半形式语言。结构化语言是在自然语言基础上加了一些限定,使用有限的词汇和有限的语句来描述加工逻辑,它的结构可分成外层和内层两层。

外层用来描述控制结构,主要采用顺序结构、判断分支结构和循环(重复)结构三种基本结构。

- 顺序结构:顺序结构使用一组祈使语句、判断语句、重复语句的顺序排列。
- 判断分支结构:一般用 IF-THEN-ENDIF,CASE OF ENDCASE 等关键词。
- 重复结构:一般用 DO-WHILE-ENDDO, REPEAT-UNTIL 等关键词。

内层一般是采用祈使语句的自然语言短语,使用数据字典中的名词和有限的自定义词,其动词含义要具体,尽量不用形容词和副词来修饰。

例如,"检验商品"加工的逻辑用结构化语言描述如下:

```
DO WHILE(采购订单原材料列表未结束)
        IF 订单中原材料项在供货单中
                THEN 将该项添加到合格商品信息列表
        ELSE 将该项添加到不合格商品信息列表
        ENDIF
ENDDO
```

(2) 判定表

在有些情况下,数据流图中的某些加工的逻辑处理依赖于多个逻辑条件的取值,用自然语言或结构化语言都不易清楚地描述出来,而用判定表就能够清楚地表示复杂的条件组合与应做的动作之间的对应关系。判定表由四个部分组成,如图 2.11 所示。下面通过一个例子讲解判断表的构造过程。

条件桩		规则1	规则2	规则3	规则4	规则5	规则6
条件桩	C1	T	T	T	F	F	F
	C2	T	T	F	T	T	F
	C3	T	F		T	F	
动作桩							
动作桩	A1	X	X		X		X
	A2	X			X	X	
	A3		X	X			

图 2.11　判定表组成

【案例】

某数据流图中有一个"确定保险类别"的加工,指的是申请汽车驾驶保险时,要根据申请者的情况,确定不同的保险类别。此策略使用自然语言描述如下。

- 如果申请者的年龄在 21 岁以下,要额外收费;
- 如果申请者是 21 岁以上,并是 26 岁以下的女性,适用于 A 类保险;
- 如果申请者是 26 岁以下的已婚男性,或者是 26 岁以上的男性,适用于 B 类保险;
- 如果申请者是 21 岁以下的女性,或是 26 岁以下的单身男性,适用于 C 类保险;
- 除此之外的其他申请者,都适用于 A 类保险。

构造一张判定表,可采用以下步骤。

① 提取问题中的条件:年龄、性别、婚否。

② 标出条件的取值:为绘制判定表方便,用符号代替条件的取值,如表 2.7 所示。

表 2.7　条件表

条件名	取值	符号	条件状态数
年龄	年龄≤21	C	3
	21<年龄≤26	Y	
	年龄>26	L	
性别	男	M	2
	女	F	
婚姻	未婚	S	2
	已婚	E	

③ 计算条件组合情况:年龄状态数×性别状态数×婚姻状态数=3×2×2=12。

④ 提取可能采取的动作或措施:包括 A 类保险、B 类保险、C 类保险和额外收费。

⑤ 制作判断表,如表 2.8 所示。左上角为条件区域,分别是"年龄""性别"和"婚姻",右上角是条件组合区域,一共有 12 种组合情况,左下角是动作列表,也就是结果,分别是"A 类保险""B 类保险""C 类保险"和"额外收费",右下角是结果列表区域,根据 12 种条件列表,选择每种条件的动作是什么,用"√"表示。

表 2.8　判定表

	1	2	3	4	5	6	7	8	9	10	11	12
年龄	C	C	C	C	Y	Y	Y	Y	L	L	L	L
性别	F	F	M	M	F	F	M	M	F	F	M	M
婚姻	S	E	S	E	S	E	S	E	S	E	S	E
A类保险				√	√				√	√		
B类保险			√					√			√	√
C类保险	√	√	√				√					
额外收费	√	√	√	√								

⑥ 完善判断表。对初始的判定表进一步完善,第 1 列和第 2 列,第 5 列和第 6 列,第 9 列和第 10 列,第 11 列和第 12 列,它们前两个条件相同,而对于婚姻,不论有没有结婚,都给了相同的动作,即婚姻情况可以不考虑。合并后的判定表为表 2.9。

表 2.9　完善后判定表

	1/2	3	4	5/6	7	8	9/10	11/12
年龄	C	C	C	Y	Y	Y	L	L
性别	F	M	M	F	M	M	F	M
婚姻	—	S	E	—	S	E	—	—
A类保险				√			√	
B类保险			√			√		√
C类保险	√	√			√			
额外收费	√	√	√					

（3）判定树

判定树是判定表的变形,一般情况下它比判定表更直观,且易于理解和使用。判定树较判定表直观易读,判定表进行逻辑验证较严格,能把所有的可能性全部都考虑到,可将两种工具结合起来,先用判定表进行分析,在判断表的基础上产生判定树。判断树左边是树根,是条件取值状态,右边是树叶,表示应该采取的动作。如图 2.12 是表 2.9 对应的判定树。

这三种描述加工逻辑的工具各有优缺点。对于顺序执行和循环执行的动作,用结构语言描述,对于存在多个条件复杂组合的判断问题,用判定表和判定树。

4. 实体-关系图

通过调查和分析系统的业务活动和数据的加工处理过程,弄清系统数据的种类、范围、数量以及它们在业务活动中交流的情况。然后对数据信息进行分类、聚集和概括,建立抽象的概念数据模型。这个概念模型应反映现实世界各部门的信息结构、信息流动情况、信息间的互相制约关系以及各部门对信息存储、查询和加工的要求等。所建立的模型应避开数据库在计算机上的具体实现细节,用一种抽象的形式表示出来,如实体-关系图。实体关系图（Entity Relation Diagram,E-R 图）用于描述数据对象间的关系,是软件数据库的概念模型,

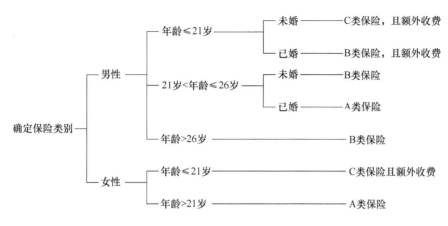

图 2.12　判定树

为数据库设计做基础。构成 E-R 图的基本要素是实体集、属性和联系。

实体集（Entity）：对系统实体的抽象，用矩形表示，矩形框内写明实体名，比如采购订单、供货商都是实体。

属性（Attribute）：实体所具有的某一特性，一个实体可有若干个属性，用椭圆形表示，并用无向边将其与相应的实体连接起来，比如采购订单的采购订单编号是属性。能唯一标识实体的属性称为主码，一个实体集中任意两个实体在主码上的取值不能相同，如采购订单编号。

联系（Relationship）：联系也称关系，反映实体之间的联系，用菱形表示，菱形框内写明联系名，并用无向边分别与有关实体连接起来，同时在无向边旁标上联系的类型，联系可分为以下 3 种类型。

（1）一对一联系（1∶1）

例如，一份采购订单生成一份采购申请单，而每份采购申请单都由一份采购订单生成，则采购订单与采购申请单的联系是一对一的。

（2）一对多联系（1∶N）

例如，供应商与采购订单之间存在一对多的联系"签订"，即每个供货商可以签订多份订单，但是每个订单只能由一个供货商来签订。

（3）多对多联系（M∶N）

例如，采购订单与商品的"组成"联系是多对多的，即一份采购订单可以有多个商品，而每种商品可以出现在不同的订单中。

联系也可能有属性。例如，供货商"签订"一份采购订单，签订日期和供货日期既不是供货商的属性也不是采购订单的属性。由于"签订日期"和"供货日期"既依赖于某个特定的供货商又依赖于某份特定的采购订单，所以它是供货商与采购订单之间的联系"签订"的属性。

创建实体-关系图的相关步骤如下。

（1）确定所有的实体集

经分析，企业采购系统的实体集有：供应商、采购订单、采购入库申请单、采购退货单、采购付款申请单、采购退货申请单、商品、采购申请单。

（2）确定实体集应包含的属性及关键字，用下划线在属性上表明关键字的属性组合。

供应商信息：<u>供应商编号</u>、供应商名称、电话、地址

采购订单：<u>采购订单编号</u>、审核人、制单人

采购入库申请单：<u>采购入库申请单编号</u>、入库日期、申请日期

采购退货单：<u>采购退货单编号</u>、退货日期、退货原因

采购付款申请单：<u>采购付款申请单编号</u>、付款日期、供应商编号、付款金额

采购退货收款申请单：<u>采购退货收款申请单编号</u>、供应商编号、退款金额

商品：<u>商品编号</u>、商品名称、生产厂商、生产日期、保质期

采购申请单：<u>采购申请单编号</u>、申请日期、制单人

图 2.13 为"商品"的 ER 图。

（3）确定实体集之间的联系及联系的类型，用线将表示联系的菱形框联系到实体集，在线旁注明联系的类型。图 2.14 为采购系统的实体-关系图。

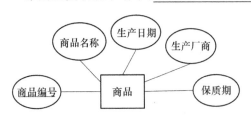

图 2.13 商品 ER 图

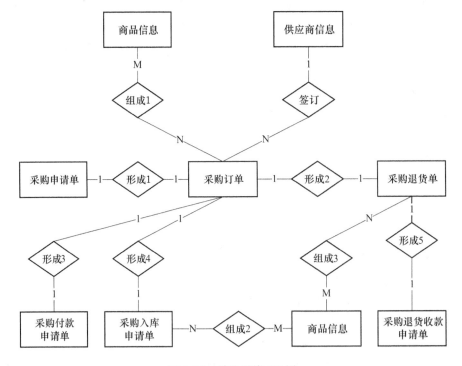

图 2.14 采购系统 ER 图

联系的属性如下。

签订：生效日期、供货日期

组成 1：采购单价、采购数量、计量单位

组成 2：采购单价、入库数量、计量单位

组成 3：采购单价、退货数量、计量单位

实体-关系图中,当实体间存在联系时,实体和联系的属性比较难划分,比如上面的"采购订单",我们知道订单包含了多项商品,每个商品有"采购单价""采购数量"和"计量单位"等属性,但是每份订单的单价、数量和计量单位可能是不同的,所以这些属性由两个实体之间的联系共同决定,因此将"采购单价""采购数量"和"计量单位"三个属性分配给"组成1"关系。

当系统比较复杂时,我们可以先获得子系统的实体-关系图,然后合并多个图,得到整个系统的实体-关系图。各分 E-R 图之间的冲突主要有三类:属性冲突、命名冲突和结构冲突。属性冲突指即属性值的类型、取值范围或取值集合不同和属性取值单位冲突。命名冲突指不同意义实体或属性相同名称和同意义实体或属性不相同名称。结构冲突指同一实体在不同应用中具有不同的抽象,例如"课程"在某一局部应用中被当作实体,而在另一局部应用中则被当作属性;同一实体在不同实体-关系图中所包含的属性不完全相同,或者属性的排列次序不完全相同;实体之间的联系在不同局部实体-关系图中呈现不同的类型。例如实体 E1 与 E2 在局部应用 A 中是多对多联系,而在局部应用 B 中是一对多联系;又如在局部应用 X 中 E1 与 E2 发生联系,而在局部应用 Y 中 E1、E2、E3 三者之间有联系。解决方法是根据应用的语义对实体联系的类型进行综合或调整。

5. 状态-迁移图

状态-迁移图(Status Transfer Diagram,STD)用来描述系统或对象的状态,以及导致系统或对象的状态改变的事件,从而描述系统的行为,是行为模型的基础。状态是任何可以被观察到的系统行为模式,规定了系统对事件的响应方式。事件是在某个特定时刻发生的事情,它是对引起系统做动作或从一个状态转换到另一个状态的外界事件的抽象。

图 2.15 是采购订单状态-迁移图,订单有四个状态"未审核的订单""审核未通过的订单""重新填写好的订单"和"审核通过的订单",通过事件触发,订单在各个状态之间进行转换。

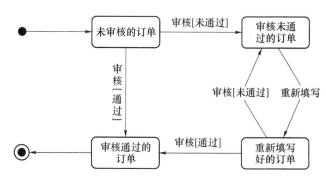

图 2.15 采购订单状态图

2.5 结构化概要设计

概要设计也称为结构设计或总体设计,解决"怎么做"的问题,从软件需求规格说明书出发,形成软件的具体设计方案,是软件开发阶段最重要的步骤。概要设计将需求分析产生的模型等分析结论进行转换,由此产生设计结论的过程,包括软件的系统构架、软件结构、数据结构、数据库和用户界面等设计模型。根据这些结论完成概要设计文档,作为后期详细设计的基本依据,能够为后面的详细设计、程序编码提供技术定位。

软件概要设计是软件开发过程中一个非常重要的阶段。如果软件系统没有经过认真细致的概要设计,就直接考虑它的算法或直接编写源程序,这个系统的质量就很难保证。许多软件就是因为结构上的问题,使得它经常发生故障,而且很难维护。

2.5.1 结构化设计原则

为了开发出高质量低成本的软件,在软件开发过程中必须遵循下列软件工程原则。

(1)抽象:把事物本质分析出来而不考虑其他细节,抽取事物最基本的特性和行为,忽略非基本的细节。采用分层次抽象的办法可以控制软件开发过程的复杂性,有利于软件的可理解性和开发过程的管理。

常用的抽象手段有过程抽象、数据抽象和控制抽象。

- 过程抽象:任何一个完成明确功能的操作都可被使用者当成单位的实体看待,尽管这个操作实际上可能由一系列更低级的操作来完成。
- 数据抽象:与过程抽象一样,允许设计人员在不同层次上描述数据对象的细节。
- 控制抽象:与过程抽象和数据抽象一样,控制抽象可以包含一个程序控制机制而无须规定其内部细节。

(2)自顶向下,逐步细化:从系统整体功能出发,把复杂的总体功能划分成子功能;从单个子功能处理入手,自顶向下不断地把复杂的处理分解为子处理,这样一层一层地分解下去,直到仅剩下若干个容易实现的子处理为止。当所分解出的子处理已经十分简单,其功能显而易见时,就停止这种分解过程,并写出各个最低层处理的处理描述。

(3)模块化:将一个待开发的软件分解成若干个小的相对独立的简单的部分——模块,

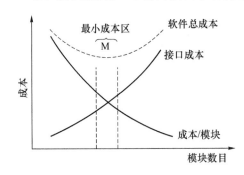

图 2.16 模块数与成本的关系图

每个模块可独立地开发、测试,最后组装成完整的程序。这是一种复杂问题的"分而治之"的原则。模块化的目的是使程序结构清晰,容易阅读,容易理解,容易测试,容易修改。可以降低软件开发和维护的难度,降低软件的开发成本,提高软件的质量。模块(Module)是程序中逻辑上相对独立的单元,模块的大小要适中,模块过大,比较复杂,成本就高,而模块过小,模块间的接口成本就会变大,也不利于软件的总体设计。图 2.16 显示的是软件模块数与开发成本的关系。

模块独立:每个模块完成一个相对特定独立的子功能,并且与其他模块之间的联系简单。模块独立性的度量标准有两个:模块间的耦合和模块的内聚。模块独立性强必须做到高内聚低耦合。

- 耦合:模块之间联系的紧密程度,耦合度越高,模块的独立性越差。耦合度从低到高的次序为:非直接耦合、数据耦合、标记耦合、控制耦合、外部耦合、公共耦合、内容耦合。

- 内聚：内聚是指内部各元素之间联系的紧密程度，内聚度越低，模块的独立性越差。内聚度从低到高依次是：偶然内聚、逻辑内聚、时间内聚、过程内聚、通信内聚、顺序内聚、功能内聚。

此方法提供了描述软件系统的工具，提出了评价模块结构图质量的标准，即模块之间的联系越松散越好，而模块内各成分之间的联系越紧凑越好。

（4）信息屏蔽：采用封装技术，将每个程序模块的实现细节（过程或数据）隐蔽或封装在一个单一的设计模块中，定义每一个模块时尽可能少的显露其内部的处理，对于不需要这些信息的其他模块来说是不能访问的，使模块接口尽量简单。可以提高软件的可修改性、可测试性和可移植性。

按照信息隐藏的原则，系统中的模块应设计成"黑箱"，模块外部只能使用模块接口说明中给出的信息，如操作、数据类型等。

2.5.2　结构化概要设计任务

在概要设计之前，详细阅读需求规格说明书，理解系统建设目标、业务现状、现有系统、客户需求的各功能说明，然后按照如下步骤完成系统概要设计。

1. 系统构架设计

系统构架设计就是根据系统的需求框架，确定系统的基本结构。其主要设计内容包括：

（1）根据系统业务需求，将系统分解成诸多具有独立任务的子系统。

（2）分析系统的应用特点、技术特点以及项目资金情况，确定系统的硬件环境、软件环境、网络环境和数据环境等。

很显然，当系统构架被设计完成之后，软件项目就可按每个具有独立工作特征的子系统为单位进行任务分解了，由此可以将一个大的软件项目分解成许多小的软件子项目。

2. 软件结构设计

软件结构设计是在系统架构确定以后，对组成系统的各个子系统的结构设计，将子系统进一步分解为诸多功能模块，并考虑如何通过这些模块来构造软件。

软件结构图以 SA 方法中的数据流图为基础。首先分析数据流图，决定数据处理问题的类型（变换型、事务型、其他型），把数据流图映射到软件模块结构，设计出初始结构图；然后基于数据流图逐步分解高层模块，设计中下层模块；最后对模块结构进行优化，得到更为合理的软件结构。结构优化包括：检查所有的加工都要能对应到相应模块，消除完全相似或局部相似的重复功能，理清模块间的层次和控制关系，减少高扇出结构，随着深度增大扇入，平衡模块大小。

3. 数据库设计

在需求分析的实体-关系图基础之上，完成数据库的逻辑模型和物理模型设计。首先按照转换原则将实体-关系图表示的概念模型转换为逻辑关系表组成的逻辑模型，并对逻辑表进行优化，最后选择恰当的数据库管理系统，建立数据库表结构。

4. 编写文档

概要设计说明书是概要设计阶段的基本文档，涉及系统目标、系统构架、软件结构、数据库设计等诸多方面的设计说明。

5. 概要设计评审

对设计方案是否完整实现需求分析中规定的功能、性能的要求,设计方案的可行性等进行评审。对关键的处理及内部接口定义正确性、有效性,各部分的一致性等要进行评审,以免在以后的设计中出现现在的问题而返工。

2.5.3 案例讲解结构化概要设计过程

1. 系统子系统划分

根据系统业务需求,将系统分解成诸多具有独立任务的子系统,软件项目就可以每个具有独立工作特征的子系统为单位进行任务分解了,由此可以将一个大的软件项目分解成许多小的软件子项目。

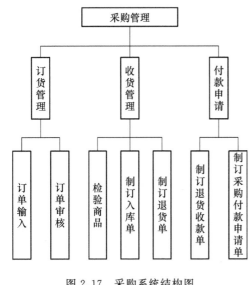

图 2.17 采购系统结构图

如图 2.17 所示,分析案例介绍可得出企业采购管理系统的需求如下。

(1)系统应该能够通过库存部门发来的采购申请单,编制采购定单和采购付款申请单。

(2)如果到货商品合格,系统应该能够制订采购入库申请单;如果验收不合格,应该能够制订采购退货单。

(3)系统可以根据采购退货单制订相应的采购退货收款申请单。

根据需求分析的结果,确定采购管理系统功能如下。

(1)采购定单管理功能:通过库存部门发来的采购申请单,编制采购订单,并进行审核。

(2)收货管理功能:对商品进行检验,不合格商品退货,合格商品入库。

(3)采购付款申请管理功能:编制采购付款申请单和采购退货收款单。

2. 系统总体布局设计

系统的总体布局是指系统的硬件环境、软件环境、网络环境和数据环境。目前常见的总体布局方案有集中式和分布式两种。

(1)集中式系统:集设备、软件资源、数据于一体的集中管理系统,一个主机带多个终端,终端没有数据处理能力,运算全部在主机上进行。现在的银行系统,大部分都是这种集中式的系统,此外,在大型企业、科研单位、军队、政府等也有分布。集中式系统对服务器要求很高,性能也不好,优点是便于维护,操作简单。

(2)分布式系统:分布式结构是一种利用计算机网络,实现资源共享的结构模式。分布在不同地理位置的可共享资源,一般包括计算机硬件、软件和数据等。分布式系统是把各地不同地理位置的计算机集中起来形成一个系统,例如 DNS 服务器就是一个典型的例子。分布式系统可以减轻服务器的负担,现在很多需要跨地区的公司都使用分布式系统,例如银行、百度等搜索引擎。分布式系统运行的网络环境有局域网(LAN)、广域网(WAN)、局域网和广域网混合形式以及互联网(Internet)、内联网(Intranet)、外联网(Extranet)及其混合形式。一般采用客户机/服务器模式、服务器集群等技术,是现在的主流。

常见的分布式系统的计算模式有资源共享方式、客户机/服务器(C/S)方式和浏览器/服务器(B/S)计算模式。集中式系统的计算模式有单机和多用户模式。

每种体系结构模式都有自己的优缺点,但是出于软硬件要求、开发投入、维护与功能扩展、操作性、安全与稳定等各方面的考虑,用户需要根据自身的需求,来选择使用最适合自己的方式。在体系结构模式选择过程中,尽量立足于现有网络,在满足安全与稳定要求的同时,使管理维护操作简单,减少开发投入。

本案例的采购管理系统服务于企业内部,业务相对简单,经分析,该系统采用 C/S 计算模式。系统拓扑结构如图 2.18 所示。

3. 系统结构设计

软件结构图(Structure Chart,SC),反映系统的功能实现以及模块与模块之间的联系与通信,即反映了系统的总体结构。概要设计的任务是将软件需求说明转化为软件总体设计,主要是把数据流程图(DFD)演化成软件结构图,确定软件的结构及模块的划分,并确定各模块之间的接口。

结构图基本组成成分包括模块、数据和调用。方框代表模块,框内注明模块的名字或功能。方框之间的箭头(或直线)表示模块调用关系,为了简单

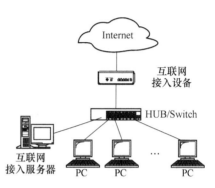

图 2.18 采购系统拓扑结构图

起见,可以只用直线而不用箭头表示模块间的调用关系,默认是上方模块调用下方的模块。带注释的箭头表示模块调用过程中来回传递的信息,尾部是空心圆表示传递的是数据,实心圆表示传递的是控制信息。如图 2.19 所示为产生最佳解的结构图。

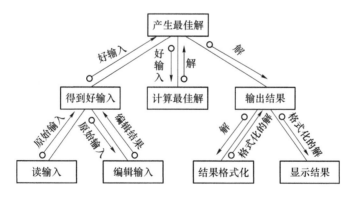

图 2.19 产生最佳解的结构图

此外还有一些附加的符号,可以表示模块的选择调用或循环调用。如图 2.20 所示为选择调用,模块 M 判定为真时调用 A,为假时调用 B。图 2.21 所示为循环调用,模块 M 循环调用模块 A、B、C。

在软件工程的需求分析阶段,通常用数据流图描绘信息在系统中加工和流动的情况,面向数据流的设计方法就是把数据流图映射成软件结构,信息流的类型决定了映射的方法。典型的信息流类型有变换型和事务型两类。

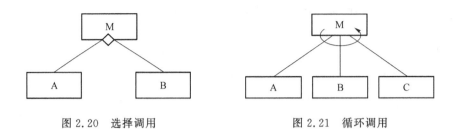

图 2.20　选择调用　　　　　　　图 2.21　循环调用

（1）变换型

变换型是指信息沿输入通路进入系统，同时由外部形式变换成内部形式，进入系统的信息通过变换中心，经加工处理以后再沿输出通路变换成外部形式离开软件系统。变换型数据处理问题的工作过程可分为三步，即取得数据、变换数据和输出数据。图 2.22 为变换型数据流结构图的特征。

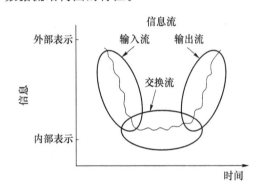

图 2.22　变换型数据流图特征

将变换型数据流图转换为软件的结构图的过程，又称变换分析，可以按照如下步骤进行。

① 确定输入流和输出流，孤立出变换中心

DFD 中系统输入端的数据流称为物理输入，系统输出端的数据流称为物理输出。物理输入通常要经过编辑、格式转换、合法性检查和预处理等辅助功能性的加工才能作为主加工的真正输入（称它为逻辑输入）。逻辑输入的数据未经过实质性的处理。从物理输入端开始，一步步向系统的中间移动，可找到离物理输入端最远，但仍可被看作是系统输入的那个数据流，这个数据流就是逻辑输入。同样由加工方产生的输出（称之为逻辑输出），通常也要经过编辑、格式变换、组成物理块和缓冲处理等辅助加工才能变成物理输出。从物理输出端开始，一步步向系统的中间移动，可找到离物理输出端最远，但仍可被看作系统输出的那个数据流，这个数据流就是逻辑输出。DFD 中从物理输入到逻辑输入的部分构成系统的输入流，从逻辑输出到物理输出的部分构成系统的输出流。位于输入流、输出流中间的部分就是变换中心。图 2.23 所示是汇款处理数据流图，该图为典型的变换型数据流图。

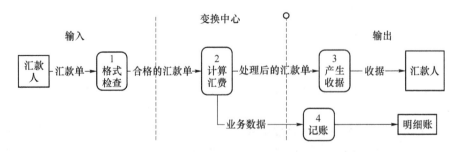

图 2.23　变换型数据流图

② 第一级分解

第一级分解主要是设计模块结构的顶层和第一层。一个变换流的 DFD 可映射成图 2.24 所示的程序结构图。图中顶层模块的功能就是整个系统的功能。输入控制模块用来接收所有的输入的变换。输出控制模块用来产生所有的输出数据。

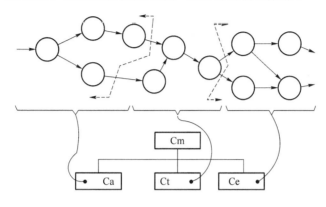

图 2.24　变换分析图示

图 2.25 是对图 2.23 所示变换型数据流图的变换分析,顶层模块"汇款处理系统"为整个系统的功能,可以认为是总控模块。总控模块调用输入流模块"取得合格的汇款单",得到合格的汇款单,然后调用变换中心模块"计算汇费",得到处理后的汇款单和业务数据,调用输出流模块"输出处理后的汇款单"和"记账",将数据输出。一个输入流是一个模块,变换中心是一个模块,一个输出流是一个模块,被总控模块调用,完成系统功能。

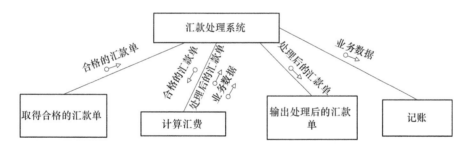

图 2.25　汇款处理系统顶层结构图

③ 第二级分解

第二级分解主要设计中、下层模块。

输入控制模块的分解:从变换中心的边界开始,沿着每条输入通路,把输入通路上的每个加工映射成输入控制模块的一个低层模块。

输出控制模块的分解:从变换中心的边界开始,沿着每条输出通路,把输出通路上的每个加工映射成输出控制模块的一个低层模块。

变换控制模块的分解:变换控制模块通常没有通用的分解法,应根据 DFD 中变换部分的实际情况进行设计。

按照上述方法,图 2.26 是对汇款处理系统的进一步细化结果。

(2) 事务型

数据沿输入通路到达一个处理 T,这个处理根据输入数据的类型在若干个动作序列中

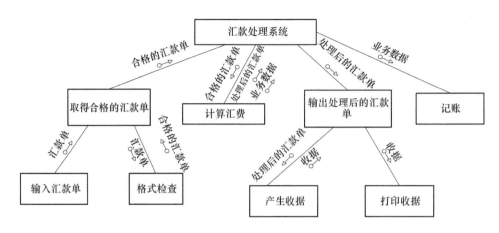

图 2.26 汇款处理系统结构图

选出一个来执行,当数据流图具有这些特征时,这种信息流称为事务流。分析事务流是设计事务处理程序的一种策略,采用这种策略通常有一个在上层事务中心,其下将有多个事务模块,每个模块只负责一个事务类型,转换分析将会分别设计每个事务。图 2.27 是事务型数据流图的特征。

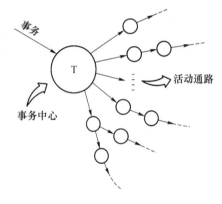

图 2.27 事务型数据流图特征

将事务型数据流图转换为软件的结构图的过程,又称事务分析,可以按照如下步骤进行。

① 确定事务中心和每条活动流的流特性

图 2.28 给出了事务流型 DFD 的一般形式。其中事务中心位于数条活动流的起点,这些活动从该点成辐射状地流出。每条活动流也是一条信息流。它可以是变换流也可以是另一条事务流。一条事务流型的 DFD 由输入流,事务中心和若干条流组成。图 2.28 所示的事务型数据流图中的"确定事务类型"为事务中心,该加工流出的数据流根据操作不同流向不同的加工。

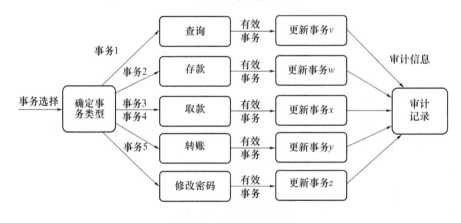

图 2.28 ATM 数据流图

② 将事务流 DFD 映射成高层的程序结构

事务流 DFD 的高层程序结构如图 2.29 所示。顶层模块的功能就是整个系统的功能。接收模块用来接收输入数据,它对应于输入流。发送模块是一个调度模块,控制下层的所有活动流模块,每个活动流模块对应于一条活动流,它也是该活动流映成的程序结构图中的顶层模块。

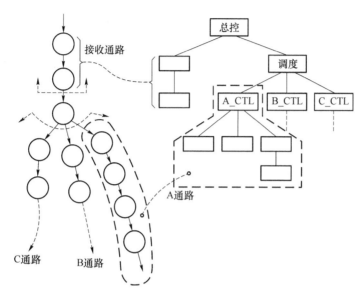

图 2.29 事务分析方法

按照该转换方法,图 2.28 所示的 ATM 数据流图可转换为图 2.30 所示的结构图。顶层模块"ATM 机总控"是系统功能,为总控模块。输入流转换为一个输入模块"读取事务",总控模块将事务记录传递给发送模块"确定事务类型",由事务中心转换而来,负责分析事务类型,决定该调用哪个处理模块。事务中心之后的每个加工转换为一个处理模块,如"查询""存款""取款""修改密码"和"转账"。

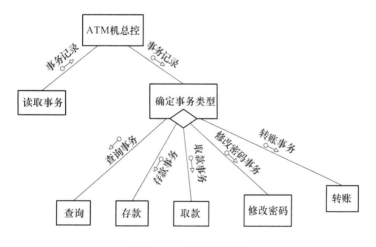

图 2.30 ATM 结构图

③ 进一步分解

接收模块的分解类同于变换分析中输入控制模块的分解。每个活动流模块根据其流特性 (变换流或事务流)进一步采用变换分析或事务分析进行分解。如图 2.31 是 ATM 机总控系统的 细化结构图,主要是对"查询"模块的细化,增加"处理查询事务"和"输出结果"两个子模块。

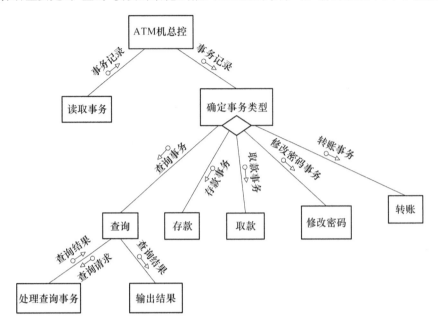

图 2.31　ATM 系统细化结构图

根据变换分析和事务分析的过程,面向数据流的软件结构设计的步骤如下:

第一步,分析、确认数据流图的类型,区分是事务型还是变换型。

第二步,说明数据流的边界。

第三步,根据流类型分别实施变换分析或事务分析;把数据流图映射为程序结构。

第四步,根据设计准则对产生的结构进行细化和求精。

图 2.32 是根据图 2.9 的数据流图转换而来的结构图,图 2.9 为典型的变换型数据流 图,"检验商品"为变换中心,"读取送货单"和"读取采购订单"是输入流,"制订入库单"和"制 订退货单"是输出流。

概要设计一般不是一次就能做到位,而是反复地进行结构调整。典型的调整是合并功 能重复的模块,或者进一步分解出可以复用的模块。在概要设计阶段,应最大限度地提取可 以重用的模块,建立合理的结构体系,节省后续环节的工作量。为了方便调整软件结构图, 增加几个概念。软件结构图概念如图 2.33 所示。

- 深度:模块结构的层次数(控制的层数)。
- 宽度:同一层模块的最大模块数。
- 扇出:一个模块直接调用的其他模块数目。
- 扇入:调用一个给定模块的模块个数。(被调用的次数)

好的软件结构应该是顶层扇出比较多,中层扇出较少,底层扇入多。此外,对软件结构 图进行调整时要注意模块的独立性,按照高内聚、低耦合的标准设计模块。

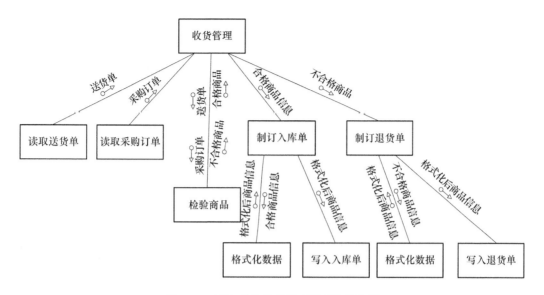

图 2.32　采购系统收货管理子系统结构图

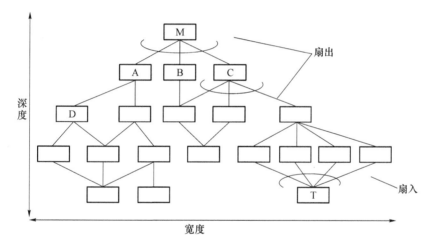

图 2.33　软件结构图概念图示

4. 数据库设计

软件的数据库设计(Database Design)是指为一个具体的应用问题,构造最优的数据库模式,建立数据库及其应用系统,使之能够有效地存储数据,满足各种用户的应用需求(信息要求和处理要求)。数据库设计主要经过概念设计、逻辑设计和物理设计三个步骤,其关系如图 2.34 所示。

数据库的概念设计主要在需求分析完成,即实体-关系图。通过明确现实世界所加工处理的各种数据实体及其属性、实体间的联系以及对信息的制约条件等,得到实体-关系图,即用户要描述的现实世界的概念数据模型。

逻辑设计的主要工作是将现实世界的概念数据模型(也就是实体-关系图)设计成数据库的一种逻辑模式,即适应于某种特定数据库管理系统所支持的逻辑数据模式,如关系模型,并需要对逻辑数据模式进行优化。这一步设计的结果就是所谓"逻辑数据库"。

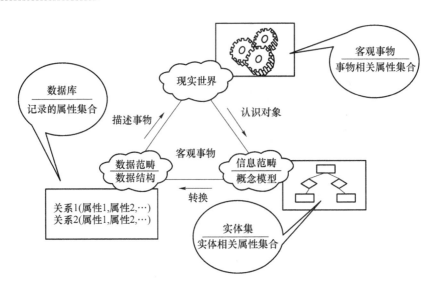

图 2.34 数据库设计过程

概念模型转换为逻辑模型的转换原则如下。

(1) 一个实体转换为一个关系模式,即一个二维表。实体的属性转换为关系的属性。关键字转换为主码。如企业采购系统中的"商品"实体,转换后的关系模式为商品(商品编号、商品名称、生产厂商、生产日期、保质期),"商品"是关系名,"商品编号"是主码。

(2) 一个 $m:n$ 关系转换为一个关系模式。若实体之间存在 $m:n$ 关系,该关系的信息添加到任何一个实体属性中都会造成冗余,因此需要单独创建一个关系模式。该关系模式的属性包括两部分内容,一部分是与该关系相关联的各个实体的关键字,另外一部分是该关系本身的属性,各个实体的关键字组合成为该关系模式的主码。如企业采购系统概念模型中,"商品"和"采购订单"两个实体之间有"组成"关系,是 $m:n$ 的关系,该关系转换后的关系模式为采购订单明细(采购订单编号、商品编号、采购单价、采购数量、计量单位),其中采购订单编号和商品编号两个属性一起为组合主码,可以唯一的确定一张采购订单的组成情况。

(3) 一个 $1:n$ 关系与 n 端对应实体的关系模式合并。若实体之间存在 $1:n$ 关系,这个关系可以通过为 n 端实体增加 1 端实体的关键属性来实现。如企业采购系统中,"供应商"和"采购订单"两个实体之间存在 $1:n$ 的"签订"关系,该关系可以通过在"采购订单"这个关系模式中增加"供应商"的关键属性来实现,即采购订单(采购订单编号,供货日期,生效日期,供应商编号,审核人),其中"采购订单编号"为主码,"供应商编号"为外码。

(4) 一个"1:1关系"与任意一端实体的关系模式合并。若实体之间存在 $1:1$ 关系,这个关系可以通过为任意一个关联实体增加另外实体的关键属性来实现,各实体的主码不变。如企业采购系统中,"采购订单"和"采购申请单"之间有 $1:1$ 关系,可以将采购订单的关键属性"订单编号"添加到采购申请单关系模式中,也可以将采购申请单的关键属性"采购申请单编号"添加到采购订单关系模式中,添加的属性为关系模式的外码。

将系统概念模型转换为逻辑模型时,首先将每个实体转换为一个关系模式,然后通过为

相关实体添加外码,实现1:1关系和1:n关系的转换,最后为m:n关系创建新的关系模式。如企业采购系统的逻辑模型如下:

供应商信息(<u>供应商编号</u>、供应商名称、电话、地址)

采购订单(<u>采购订单编号</u>、审核人、制单人、<u>供应商编号</u>)

采购入库申请单(<u>采购入库申请单编号</u>、入库日期、申请日期、<u>采购订单编号</u>)

采购退货单(<u>采购退货单编号</u>、退货日期、退货原因、<u>采购订单编号</u>)

采购付款申请单(<u>采购付款申请单编号</u>、付款日期、供应商编号、付款金额、<u>采购订单编号</u>)

采购退货收款申请单(<u>采购退货收款申请单编号</u>、供应商编号、退款金额、<u>采购退货单编号</u>)

商品(<u>商品编号</u>、商品名称、生产厂商、生产日期、保质期)

采购申请单(<u>采购申请单编号</u>、申请日期、制单人、<u>采购订单编号</u>)

为三个多对多的关系创建三个关系模式:

采购订单明细(<u>商品编号</u>、<u>采购订单编号</u>、采购单价、采购数量、计量单位)

采购入库申请单明细(<u>商品编号</u>、<u>采购入库申请单编号</u>、采购单价、入库数量、计量单位)

采购退货单明细(<u>商品编号</u>、<u>采购退货单编号</u>、采购单价、退货数量、计量单位)

将概念模型转换为逻辑模型后,还需要进行进一步优化,通常按照规范化理论来进行。一范式要求每个关系的属性都是不可分割的。二范式要求不能存在非主属性对主码的部门依赖,主要检查主码是两个属性以上的组合的关系模式。三范式要求不能存在传递依赖。一般情况下,关系模式满足三范式就可以了。

选取恰当的数据库管理系统,然后根据数据库管理系统所提供的多种存储结构和存取方法等,依赖于具体计算机结构的各项物理设计措施,对具体的应用任务选定最合适的物理存储结构(包括文件类型、索引结构和数据的存放次序与位逻辑等)、存取方法和存取路径等。这一步设计的结果就是所谓"物理数据库"。逻辑模型中的每个关系模式都需要建立一张物理表,属性用字段来表示,定义每个属性的数据类型,长度等信息。如表2.10是企业采购系统中"商品"关系模式的物理表结构。

表 2.10　商品数据库表

字段名	数据类型	数据长度	说明
商品名称	字符型	20	Not Null
商品编号	字符型	13	Not Null,PK
生产厂商	字符型	40	Not Null
生产日期	日期型	12	Not Null
保质期	整型	10	Not Null

2.6　结构化详细设计

详细设计是软件工程中对概要设计的一个细化,主要是为软件结构图(SC)中的每一个模块确定采用的算法和模块内数据结构,并用某种选定的表达工具(如 N-S 图等)给出清晰的描述。

2.6.1　详细设计任务

依据概要设计报告,详细设计主要完成如下任务。

(1)为每个模块进行详细的算法设计。依据概要设计阶段的分解,根据模块被赋予的局部任务和对外接口,设计并表达出模块的算法、流程、状态转换等内容,并用某种图形、表格、语言等工具将每个模块处理过程的详细算法描述出来。

(2)界面设计。用户使用系统的人机界面设计。

(3)输入/输出设计。分析系统的输入输出数据格式要求,设计输入输出方式。

(4)编写详细设计说明书。

(5)评审。

2.6.2　案例讲解详细设计过程

1. 模块算法设计

算法设计主要是依据模块功能需求,采用结构化程序设计的顺序、选择和循环三种结构的组合或嵌套,描述模块功能的实现算法,主要包括下面的内容。

- 输入项设计:给出每一个输入项设计,如名称、标识、数据的类型和格式、数据值的有效范围、输入的方式、数量和频度、输入媒体、输入数据的来源和安全保密条件等。
- 输出项设计:给出每一个输出项设计,如名称、标识、数据的类型和格式、数据值的有效范围、输出的形式、数量和频度、输出媒体、对输出图形及符号的说明、安全保密条件等。
- 流程逻辑设计:用图表来表示本程序的逻辑流程。
- 性能设计:包括对精度、灵活性和时间特性的要求。
- 限制条件设计:说明本程序运行中所受到的限制条件。

模块算法的设计工具主要有程序流程图(PFD)、N-S 图、问题分析图(PAD 图)、结构化语言、判断表和判定树等,其中结构化语言、判定表和判定树的使用方法见 2.4.2 小节。

(1)程序流程图

程序流程图(Program Flow Diagram,PFD)又称为程序框图,是使用最广泛,然而也是用得最混乱的一种描述程序逻辑结构的工具。其优点是结构清晰,易于理解,易于修改,缺点是只能描述执行过程而不能描述有关的数据。流程图的常用符号如图 2.35 所示,圆角矩形表示"开始"与"结束",用平行四边形表示输入输出,方框表示一个处理步骤,菱形表示一个逻辑条件,箭头表示程序控制流向。

按照结构化程序设计原则,算法设计主要有顺序、选择和循环三种结构,如图 2.36

所示。

- 顺序型:执行完 A 后然后执行 B。
- 选择型:对条件 P 进行判断,P 为真执行 B,为假执行 A。
- DO-WHILE 型:对条件 P 进行判断,为真执行 S,然后多次判断,多次执行 S,直至 P 条件为假,跳过 S,执行后续操作。
- DO-UNTIL 型:先执行 S,然后判断条件 P,为假再次执行 S,多次判断,多次执行,直至 P 为真,执行后续操作。
- CASE 型:按照列表依次比对 P 的取值,根据 P 的取值决定应该要执行的操作,P 为 1 时执行 A1,然后结束,否则判断 P 是否为 2,为真执行 A2,然后结束,否则继续与后面列表之 P 进行比对,直至最后一个。

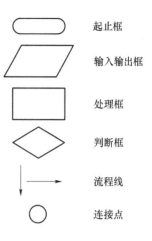

图 2.35 流程图符号

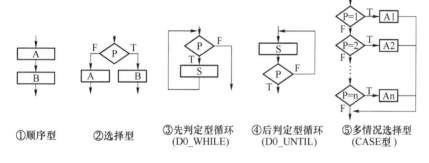

①顺序型   ②选择型   ③先判定型循环(D0_WHILE)   ④后判定型循环(D0_UNTIL)   ⑤多情况选择型(CASE型)

图 2.36 流程图主要结构

图 2.37 所示为计算员工应发工资的流程图。

(2) 盒图

为避免流程图在描述程序逻辑时的随意性与灵活性,提出用方框代替传统的程序流程图,称为盒图,通常也称为 N-S。盒图是一种强制使用结构化构造的图示工具,功能域明确、不可能任意转移控制、很容易确定局部和全局数据的作用域、很容易表示嵌套关系及模板的层次关系。盒图的控制结构如图 2.38 所示。

- 顺序结构:程序执行完第一个任务后接着执行第二个任务,然后第三个任务。
- 选择结构:当条件成立时,则执行 THEN 部分;否则执行 ELSE 部分。
- DO-WHILE 型循环结构:当循环条件成立时,则循环执行循环部分;不成立,执行后续操作。
- DO-UNTIL 型循环结构:循环执行循环部分,直到循环条件成立为止。
- 多分支选择型(CASE 型):根据 case 条件的值,与列表值比对,执行值相等的 case 语句部分。
- 调用子程序:调用执行 A 子程序。

将图 2.37 的流程框图用 N-S 流程图表示如图 2.39 所示。

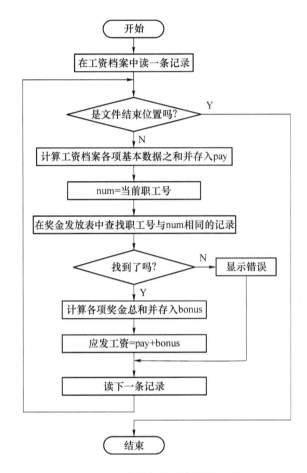

图 2.37 计算应发工资的流程图

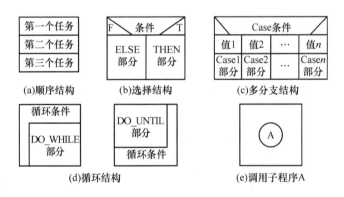

图 2.38 盒图的控制结构

（3）问题分析图

继流程图和方框图之后，问题分析图（Problem Analysis Diagram，PAD）是一种改进的图形描述方式，可以用来取代程序流程图，比程序流程图更直观，结构更清晰。使用 PAD 符号设计出的程序代码是结构化程序代码，程序结构十分清晰，逻辑易读、易懂和易记，很容易转换成高级语言源程序。PAD 提供的基本控制结构如图 2.40 所示。

- 顺序型:执行完 A 后然后执行 B。
- 选择型:对条件 P 进行判断,P 为真执行 A,为假执行 B。
- DO-WHILE 型:对条件 P 进行判断,为真执行 S,然后多次判断,多次执行 S,直至 P 条件为假,跳过 S,执行后续操作。
- DO-UNTIL 型:判断条件 P,为假执行 S,多次判断,多次执行,直至 P 为真,执行后续操作。
- CASE 型:按照列表依次比对 P 的取值,根据 P 的取值决定应该要执行的操作,P 为 1 时执行

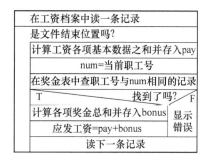

图 2.39　计算应发工资的 N-S 图

A1,然后结束,否则判断 P 是否为 2,为真执行 A2,然后结束,否则继续与后面列表之 P 进行比对,直至最后一个。

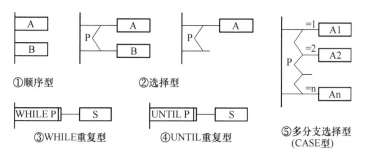

图 2.40　PAD 图控制结构

图 2.41 为计算应发工资的 PAD 图,该图由三部分组成,“检索个人奖金”处理过程比较复杂,用单独的一个 PAD 图说明,同理“计算应发工资”也单独说明,该算法用程序设计语言实现时,也可以采用函数调用的方式实现。PAD 图是最接近程序设计结构的算法描述工具。

2. 界面设计

软件是一个“人-机”交互系统,人与机器的交互界面是软件使用的第一印象,也是用户使用系统的方式,直接影响系统的运行效率,是软件设计的重要组成部分。用户界面(User Interface,UI)也称人机接口,是指用户和某些系统进行交互方法的集合,这些系统不单单指电脑程序,还包括某种特定的机器、设备、复杂的工具等。用户界面是系统和用户之间进行交互和信息交换的媒介,实现信息的内部形式与人类可以接受形式之间的转换,使得使用者能够方便有效率地去操作硬件以达成双向互动,完成所希望借助硬件完成之工作。界面设计主要内容包括菜单设计、界面设计、对话框设计、窗口设计等。

软件界面设计的总原则是实现“用户界面友好”,要注意以下几个方面。

(1)布局

在进行 UI 设计时需要充分考虑布局的合理化问题,遵循用户从上而下,自左向右浏览、操作习惯,避免常用业务功能按键排列过于分散,造成用户鼠标移动距离过长。

- 菜单:保持菜单简捷性及分类的准确性,避免菜单深度超过 3 层。
- 按钮:确认操作按钮放置左边,取消或关闭按钮放置于右边。

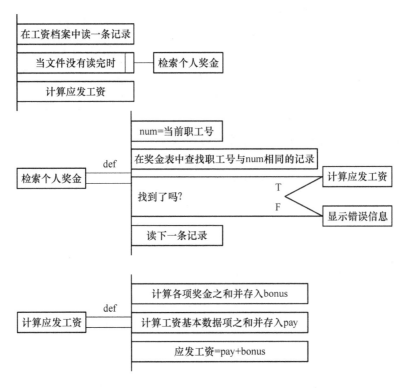

图 2.41　计算应发工资的 PAD 图

- 功能：将不常用的功能区块隐藏，以保持界面的简洁，使用户专注于主要业务操作流程，有利于提高软件的易用性及可用性。
- 排版：所有文字内容排版避免贴边显示（页面边缘），尽量保持 10～20 像素的间距并在垂直方向上居中对齐；各控件元素间也保持至少 10 像素以上的间距，并确保控件元素不紧贴于页面边沿。
- 表格数据列表：字符型数据保持左对齐，数值型右对齐（方便阅读对比），并根据字段要求，统一显示小数位位数。
- 页面导航：在页面显眼位置应该出现导航栏，让用户知道当前所在页面的位置，并明确导航结构。
- 信息提示窗口：信息提示窗口应位于当前页面的居中位置，并适当弱化背景层以减少信息干扰，让用户把注意力集中在当前的信息提示窗口。

（2）一致性

坚持以用户体验为中心设计原则，界面直观、简洁，操作方便快捷，界面上的功能一目了然，简单培训后就可以方便使用软件。

- 字体：保持软件多个界面字体及颜色一致，避免出现多个字体；不可修改的字段，统一用灰色文字显示。
- 对齐：保持页面内元素对齐方式的一致，如无特殊情况应避免同一页面出现多种数据对齐方式。
- 鼠标手势：可点击的按钮、链接需要切换鼠标手势至手型。

- 保持功能及内容描述一致：避免同一功能描述使用多个词汇，如编辑和修改，新增和增加，删除和清除混用等。建议在项目开发阶段建立一个产品词典，包括产品中常用术语及描述，设计或开发人员严格按照产品词典中的术语词汇来展示文字信息。

（3）准确性

- 显示有意义的出错信息，而不是单纯的程序错误代码。
- 使用用户语言词汇，而不是单纯的专业计算机术语。
- 表单录入：在包含必填与选填项的页面中，必须在必填项旁边给出醒目标识（＊）；各类型数据输入需限制文本类型，并做格式校验，如电话号码输入只允许输入数字，邮箱地址需要包含"@"等，在用户输入有误时给出明确提示。
- 在进行一些不可逆或者删除操作时应该有信息提示用户，并让用户确认是否继续操作，必要时应该把操作造成的后果也告诉用户。

3. 输入/输出设计

系统加工处理的数据均来自系统输入，系统输入设计主要是指对输入系统的数据内容、输入方式、记录格式、输入设备、数据验证的设计。而系统对数据的处理结果的显示由系统输出完成，系统输出设计是对系统输出数据的输出设备、输出内容、输出界面、输出控制等方面的设计。

（1）输入设计的步骤

① 分析与确定输入数据的内容

根据需求分析结果，确定输入数据项的名称、数据类型、位数和精度、数值范围及输入处理方式等。

② 确定数据的输入方式

数据输入的类型有外部输入（如键盘输入，扫描仪、磁盘导入等）和计算机输入（网络传送数据等）。输入设备有键盘、鼠标、扫描仪、光电阅读器、光笔、磁盘、磁带、网络传输等。

③ 设计输入数据的记录格式

输入格式要尽量与原始单据格式类似，屏幕界面要友好。数据输入格式有录入式、选择式（如单选、列表选择）等，屏幕格式有简列式、表格式、窗口编辑方式等。

④ 对输入数据的正确性检验设计

常用的检验方法有重复录入校验、视觉校验（如代码输入时，屏幕立即显示出代码的相关信息以方便校验）、数据类型格式范围校验、分批数据汇总校验、检验位校验、平衡校验等。

（2）输出设计步骤

① 输出方式的选择

输出方式应根据输出信息的要求、信息量的大小、输出设备的限制等条件来决定。一般有显示输出、打印输出、图形输出等。

② 输出的类型与内容

输出类型有外部输出和内部输出之分，内部输出是指一个处理过程（或子系统）向另一个处理过程（或子系统）的输出；外部输出是向系统外的输出，如有关报表、报盘等。输出设备有打印机、磁带机、磁盘机、光盘机等，输出介质有打印纸、磁带、磁盘等。输出内容包括输出的项目名称、项目数据的类型、长度、精度、格式设计、输出方式等。

（3）输入输出设计原则

① 输入/输出设计要尽量符合标准。

② 应尽量减少汉字的输入。

③ 屏幕显示应尽量直观、逼真。

④ 输入数据时应尽量采用选择的方式。

⑤ 有较强的检错和容错能力。

⑥ 具有一定的数据恢复能力。

⑦ 具有完善的帮助系统。

表2.11所示为采购订单明细表的输入格式设计，其中 N 代表数值型数据，C 代表字符型数据，括号里面的数值代表数据长度。

表 2.11　采购订单输入设计

采购订单明细表

采购订单编号：N(13)　　　　　　　　采购日期：N(4)年 N(2)月 N(2)日

供货商编号：C(6)　　　　　　　　　　供货商名称：C(30)

商品编号	商品名称	数量	单价	金额
C(8)	C(20)	N(12)	N(8,2)	N(12,2)

采购人员编码：C(2)　　　　　　　　　财务记账标记：C(1)

保存　退出

第3章 面向对象系统分析与设计方法

本章以高校图书馆管理系统为例,按照面向对象开发方法的流程,详细讲解面向对象的系统分析和系统设计过程。

3.1 面向对象开发方法概述

面向对象开发方法将面向对象的思想应用于软件开发过程中,指导开发活动,是建立在"对象"概念基础上的方法学,简称 OO(Object-Oriented)方法。经过了 30 多年的研究和发展,面向对象方法已经发展成为目前主流的软件开发方法,已经越来越成熟和完善,应用也越来越深入和广泛。面向对象方法的本质是主张参照人们认识一个现实系统的方法,完成分析、设计与实现一个软件系统,提倡用人类在现实生活中常用的思维方法来认识和理解、描述客观事物,强调最终建立的系统能映射问题域,使得系统中的对象,以及对象之间的关系能够如实地反映问题域中固有的事物及其关系。

面向对象开发方法认为客观世界是由对象组成的,对象由属性和操作组成,对象可按其属性进行分类,对象之间的联系通过传递消息来实现,对象具有封装性、继承性和多态性。面向对象开发方法是以用例驱动的、以体系结构为中心的、迭代的和渐增式的开发过程,主要包括需求分析、系统分析、系统设计和系统实现四个阶段,但是各个阶段的划分不像结构化开发方法那样清晰,而是在各个阶段之间迭代进行的。

3.1.1 面向对象的基本概念

(1)对象

对象是由数据(描述事物的属性)和作用于数据的操作(体现事物的行为)组成的封装体,描述客观事物的一个实体,是构成系统的基本单元。对象的概念贯穿于面向对象开发全过程,即系统就是对象构成的,只是每个阶段对象的具体化程度不一样,这样使各个开发阶段的系统成分良好地对应,显著地提高了系统的开发效率与质量,并大大降低系统维护的难度。同时,对象的相对稳定性和对易变因素隔离,增强了系统的应变能力。

(2)类

类是对一组有相同数据和相同操作的对象的定义,是对象的模板,其包含的方法和数据描述一组对象的共同行为和属性。类是在对象之上的抽象,对象则是类的具体化,是类的实例。类可有其子类,也可有其他类,形成类层次结构。

(3)消息

对象通过发送消息的方式请求另一对象为其服务。消息是对象之间进行通信的一种规格说明,一般由三部分组成:接收消息的对象、消息名及传递的数据。对象之间传递消息体现问题域中事物间的相互联系。

3.1.2　面向对象的主要特性

（1）抽象性

抽象是简化复杂的现实问题的途径,它可以将具体问题通过类定义来描述,并且通过继承表示相关类之间的关系。在软件开发过程中不同阶段选择不同的抽象层次,自顶向下的逐步细化。

（2）封装性

封装是一种信息隐蔽技术,是类的重要特性。封装将类的数据和加工数据的方法（函数）定义为一个整体,是独立性很强的模块,使用类的用户只能了解到对象能接受哪些消息,可以完成哪些操作,而对象内部的私有数据和实现操作的算法对用户是隐蔽的。封装将类的设计者和使用者分开,使用者不必知道操作的实现细节,只需了解如何使用设计者提供的消息来访问该对象。

（3）继承

继承性（Inheritance）是对具有层次关系的类的属性和操作进行共享的一种方式。在某种情况下,一个类会有“子类”,子类自动共享父类的数据和方法,并且比原本的类（称为父类）要更加具体化,可以修改和扩充。继承分为单继承（一个子类只有一父类）和多重继承（一个类有多个父类）。采用类的继承性,可以避免相关类对象中数据、方法的重复定义,并实现系统的可重用性,而且还促进系统的可扩充性。

（4）多态

多态性的实现以继承为基础,利用类继承的层次关系,把具有通用功能的操作定义在类层次中尽可能高的地方,也就是祖先类中,而在其多层子类中分别实现这一操作,实现方法结合子类的特点各不相同。对象接收消息后会做出相应动作,当同一消息被不同的子类对象接受时,产生完全不同的行动,这种现象称为多态性。利用多态性,系统用户可向多个子类对象发送一个通用的消息,而将所有的实现细节都留给接受消息的子类对象完成,也就是说同一消息通过不同子类对象调用不同的方法。

3.2　统一建模语言 UML

统一建模语言（Unified Modeling Language,UML）,始于 1997 年一个 OMG 标准,是支持模型化和软件系统开发的图形化语言,融入软件工程领域的新思想、新方法和新技术,为软件开发的所有阶段提供模型化和可视化支持,包括由需求分析到设计,到实现和配置。UML 统一了面向对象开发中主流的 Booch 方法、OMT 方法、OOSE 方法的表示方法,并对其作了进一步的发展,成为定义良好、易于表达、功能强大且普遍适用的建模语言。UML是面向对象软件的标准化建模语言,具有创建系统的静态结构和动态行为等多种结构模型的能力,具有可扩展性和通用性,目前已成为可视化建模语言的工业标准。

UML 由模型元素（Model Element）、图（Diagram）、视图（View）和通用机制（General Mechanism）等几个部分组成。

（1）模型元素:代表面向对象中的类、对象、消息和关系等概念,是构成图的最基本的常用概念。

（2）图：是模型元素集的图形表示，通常是由弧（关系）和顶点（其他模型元素）相互连接构成的。

（3）视图：是表达系统的某一方面的特征的 UML 建模元素的子集，由多个图构成，是在某一个抽象层上，对系统的抽象表示。

（4）通用机制：用于表示其他信息，比如注释、模型元素的语义等。另外，UML 还提供扩展机制，使 UML 语言能够适应一个特殊的方法（或过程），或扩充至一个组织或用户。

3.2.1 模型元素

所有包含语义的元素都是模型元素。在 UML 图中，模型元素用其相应的符号来表示。一个模型元素可以出现在多个不同类型的图中，在不同的图中以何种形式出现须遵循一定的 UML 规则。模型元素是对模型中最具有代表性成分的抽象，关系把模型元素结合在一起，图则聚合了相关的模型元素。

UML 中的模型元素有两大类。一类模型元素用于表示模型中的某个概念，如类、对象、用例、结点、构件、包、接口等，如图 3.1 所示；另一类模型元素用于表示模型元素之间相互连接的关系，主要有关联、泛化（表示一般与特殊的关系）、依赖、聚集（表示整体与部分的关系）等，如图 3.2 所示。

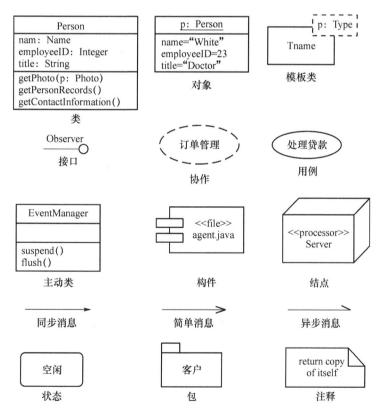

图 3.1　UML 中的概念模型元素

图 3.2　UML 中的关系模型元素

3.2.2　UML 图

UML 中总共提供了用例图、类图、对象图、顺序图、协作图、状态图、活动图、包图、构件图和部署图,按照其描述系统的角度,分为用例模型图、静态模型图和动态模型图三大类。用例模型描述的是外部执行者所理解的系统功能,由多个用例图组成。静态模型描述系统体系结构,对系统中对象之间的关系建模,由类图、对象图、包图、构件图和部署图组成。动态模型描述系统的动态行为和控制结构,由顺序图、协作图、状态图和活动图组成。

- 用例图:从参与者使用系统的角度来描述系统应该具有什么功能,帮助开发团队以一种可视化的方式理解系统的功能需求。
- 类图:通过描述系统类、接口以及它们之间的静态关系,阐明系统的静态结构,帮助人们简化对系统的理解。
- 对象图:是类图在系统某一时刻的实例,表示在某一时间上一组对象以及它们之间的关系,但不包括在对象之间传递的任何消息,用于描述系统的静态结构。
- 顺序图:对对象之间传送消息的时间顺序的可视化表示,阐明对象之间的交互过程以及在系统执行过程中的某一具体时刻将会发生什么事件,强调时间顺序。
- 协作图:描述在一定的语境中一组对象以及实现某些行为的对象间的相互作用。
- 状态图:描述对象随时间变化的动态行为,对类对象的生命周期建立模型。
- 活动图:描述业务实现用例的工作流程。
- 包图:维护和描述系统总体结构的模型的重要建模工具。
- 构件图:显示系统中的构件与构件之间的依赖关系,显示了系统的代码的结构。
- 部署图:通过对硬件的物理拓扑结构、连接硬件的各种协议、硬件结点上运行的软件组件、软件组件包含的逻辑单元(对象、类)等的显示,描述系统的部署结构。

3.2.3　视图

UML 是用模型来描述系统的结构或静态特征,以及行为或动态特征,从不同的视角为系统建模,形成系统的不同视图。UML 利用用例视图、逻辑视图、进程视图、构件视图和配置视图来描述软件系统的体系结构,每种视图分别描述系统的一个方面,5 种视图组合成UML 语言完整的模型。

(1)用例视图:强调从系统的外部参与者(主要是用户)的角度看到的或需要的系统功能,主要由用例图和活动图组成。用例模型列出系统中的用例和参与者,并显示哪个参与者参与了哪个用例的执行。用例视图是系统的核心,是其他视图模型的基础,用于确认验证系统。

（2）逻辑视图：描述系统的静态结构和对象间的动态协作关系，描述用例视图中提出的系统功能的实现。系统的静态结构在类图和对象图中进行描述，而动态模型则在状态图、顺序图、协作图以及活动图中进行描述。逻辑视图的使用者主要是设计人员和开发人员。

（3）构件视图：显示系统代码构件的组织结构及依赖关系，由构件图组成。构件视图描述系统软件构件结构，为系统实现提供软件结构基础，使用者主要是开发人员。

（4）进程视图：显示系统的并发性，解决在并发系统中存在的通信和同步问题，由状态图、顺序图、协作图、活动图、构件图和配置图组成。

（5）配置视图：显示系统的物理设备配置及相互间的连接，由配置图组成。配置视图描述如何将系统配置到由计算机和设备组成的物理结构上，使用者是开发人员、系统集成人员和测试人员。

3.3 案 例 简 介

案例：某高校图书馆管理系统。

在图书管理系统中，系统管理员要为每个读者建立借阅账户，账户内存储读者的个人信息和借阅记录信息，并给不同类别读者发放不同类别的借阅卡，目前主要有学生和教师两种不同的读者。持有借阅卡的读者可以通过图书管理员借阅、归还图书，不同类别的读者可借阅图书的范围、数量和期限不同，可通过互联网或图书馆内查询终端查询图书信息和个人借阅情况，以及续借图书，还可以预订图书。

图书管理员为读者借阅图书时，先输入读者的借阅卡号，系统验证借阅卡的有效性和读者是否可继续借阅图书，无效则提示其原因，有效则显示读者的基本信息（包括照片），供管理员人工核对。然后输入要借阅的书号，系统查阅图书信息数据库，显示图书的基本信息，供管理员人工核对。最后提交借阅请求，若被系统接受则存储借阅记录，并修改可借阅图书的数量。同时检查读者预定信息，如果有相应预定信息，则进行预定取消处理。归还图书时，输入读者借阅卡号和图书号，系统验证是否有此借阅记录以及是否超期借阅，如果没有借阅记录则提示，有则显示读者和图书的基本信息供管理员人工审核。如果有超期借阅或丢失情况，先转入超期罚款或图书丢失处理，然后提交还书请求，系统接受后删除借阅记录，登记并修改可借阅图书的数量。

系统管理员对新采购的图书进行加工处理，并进行登记，根据书籍情况及时维护图书信息，包括修改和删除。

3.4 面向对象系统分析

3.4.1 面向对象分析任务

面向对象的分析方法（OOA），是在进行了系统业务调查以后，按照面向对象的思想来分析问题，全面理解和分析用户需求，对客观世界的系统进行建模，明确所开发的软件系统的职责。

面向对象的需求分析基于面向对象的思想，经过需求获取、需求建模、需求描述和需求验证4个步骤。开发人员通过用户访谈、调研小组等方式,了解目前的系统,收集系统功能、用户与系统间的对话和交互方式、系统性能等需求。整理用户需求后,建立目标系统的需求模型,主要是用例模型,详细的用例规约说明,并建立系统业务流程模型。然后完成系统规格说明书,并经过验证。

3.4.2 案例讲解面向对象系统分析过程

1. 用例模型

用例模型由若干用例图组成,经过系统开发者和用户反复讨论后建立,是开发者和用户对需求规格说明的共识。用例模型是需求分析后续阶段开发工作的基础,保证系统所有功能的实现,而且用于验证和检测所开发的系统。

用例图描述用例、参与者以及它们之间的连接关系,帮助开发团队以一种可视化的方式理解系统的功能需求。用例图从参与者使用系统的角度来描述系统应该具有什么功能,但并不描述该功能在软件内部是如何实现的。一个用例图中主要包括用例、参与者、系统边界和关系三个要素。

用例建模一般包括如下步骤:首先找出参与者,然后根据参与者确定同参与者相关的用例,画出用例图,最后写出用例规约。

(1) 确定参与者

用例模型的参与者指与系统交互的人、硬件或其他系统,通过向系统发送消息,或接收系统消息,参与系统用例的执行。要确定系统的参与者,开发人员可以通过回答以下的问题来寻找系统的参与者。

- 谁将使用该系统的主要功能?
- 谁将需要该系统的支持以完成其工作?
- 谁将需要维护、管理该系统,以及保持该系统处于工作状态?
- 系统需要处理哪些硬件设备?
- 与该系统交互的有哪些外部系统?
- 谁读、写或修改系统中的信息?

通过对案例中高校图书馆管理系统需求的分析,可以确定系统有三个执行者:系统管理员、图书管理员和读者。简要描述如下。

系统管理员:系统管理员可以创建、修改、删除读者信息和图书信息,即读者管理和图书管理。

图书管理员:处理借阅、归还图书以及罚款等,即借阅管理。

读者:通过互联网或图书馆查询终端,查询图书信息和个人借阅信息,还可以在符合续借的条件下自己办理续借图书,还可以预订图书。

(2) 识别用例

用例是对系统提供的一个完整功能的描述。用例模型的参与者和用例分别描述了"谁来做"和"做什么"这两个问题。在用例图中,用例以椭圆表示,如图3.3所示。

在确定系统用例时需要注意用例的特性如下。

- 响应性:必须由某个参与者启动执行。
- 回执性:用例执行结束后向特定参与者返回信息。

- 完整性:用例是对一个功能的完整描述。

识别用例最好的方法是从分析系统的参与者开始,考虑每一个参与者是如何使用系统的。在识别用例的过程中,通过回答以下几个问题,找出系统用例。

图 3.3 用例符号

- 特定参与者希望系统提供什么功能?
- 系统是否存储和检索信息,如果是,由哪个参与者触发?
- 参与者是否会将外部的某些事件通知给该系统?
- 系统是否会将内部的某些事件通知该参与者?

在确定执行者之后,进一步分析案例中高校图书管理系统的需求,可以确定系统的用例如下。

- 读者有关的用例:续借图书、借阅情况查询、预约图书、删除预约、查询图书。用例图如图 3.4 所示。
- 图书管理员有关的用例:借书、还书。用例图如图 3.5 所示。
- 系统管理员有关的用例:图书信息管理、读者信息管理、读者类别管理。用例图如图 3.6 所示。

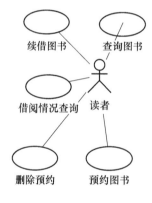

图 3.4 读者用例图

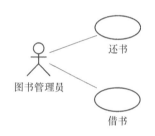

图 3.5 图书管理员用例图

用例建模的过程是一个迭代和逐步精化的过程,系统分析者首先从用例的名称开始,然后添加用例的细节信息。用例图中未能详细描述用例的业务过程,需要对用例进行描述。用例描述可以是文字性的,也可以用活动图进行说明。用例说明的内容主要包括如下几个方面。

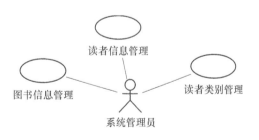

图 3.6 系统管理员用例图

- 用例名称:用例名。
- 用例参与者:与用例有关联的参与者。
- 简要说明:简介用例功能。
- 前置条件:用例触发条件。
- 基本事件流:用例实现过程详细步骤描述。
- 其他事件流:出现异常情况时处理流程。

表 3.1 是"借书"用例的用例规约。其他事件流是处理流程发生意外情况时的处理策略。

表 3.1 借书用例说明

用例名称:借书。
描述:图书管理员使用借书用例完成读者的借书活动,把图书从图书馆中借给读者。
角色:图书管理员。
前置条件:图书馆员已成功登录系统并具有借书的权限。
主事件流: 1. 图书管理员选择"借书"选项,用例开始。 2. 打开借书窗体。 3. 输入读者证号,系统根据借阅规则检查读者借书证有效性。 A1:读者无效。 4. 图书管理员输入待借阅的图书条码号,检查图书有效性。 A2:图书无效。 5. 系统登记一条新的借书信息。 6. 系统检查读者预定信息。 A3:有预定。 7. 用例结束。
其他事件流: A1:读者无效。 (1)系统显示读者无效的提示信息。 (2)返回主事件流第 3 步。 A2: (1)系统显示图书无效提示信息。 (2)返回主事件流第 4 步。 A3:有预定。 (1)系统提示预定信息,并取消预定。 (2)返回主事件流第 7 步。
后置条件:系统成功写入一条借书信息,读者当前的借书数量加 1。
特殊需求:支持使用条码扫描仪输入读者证号和图书条码,借一本书时间不超过 30 秒。

用例也可以用活动图来描述,比用例规约更加直观。

活动图描述了业务实现用例的工作流程。活动图由开始点、活动、转换和结束点组成。一个活动图只能包含一个开始点,可以有多个结束点。开始点、活动、结束点之间通过转换连接。图 3.7 给出了活动图的常用符号。

泳道将活动图的活动状态分组,每一组表示负责哪些活动的执行体(角色、系统)直接显示动作在哪一个执行体中执行。每一个活动只能明确地属于一个泳道,泳道使用几个大矩形框表示。图 3.8 就是"借书"用例的活动图,该活动图设置三个泳道,分别表示"借书者""图书管理员"和"计算机"各自执行的动作,然后按照用例描述的过程完成活动图。

(3)确定用例图中的关系

用例图中用例之间、参与者之间、用例和参与者之间存在各种关系,如关联、泛化、包含和扩展。

关联(Association)关系表示参与者与用例之间的通信,任何一方都可发送或接受消息。如图3.4所示,当"读者"使用系统时,可以通过"查询图书"用例查询需要的图书,因此在参与者"读者"和用例"查询图书"之间建立关联关系。

泛化(Inheritance)关系描述用例之间,或者参与者之间的继承关系,代表一般与特殊的关系。泛化关系使用带空心三角箭头的实线表示,箭头方向指向被继承的用例或参与者。

在用例视图中,特殊化的参与者继承了一般化的参与者的行为,然后在某些方面扩展了此行为,可以使用泛化关系来描述多个参与者之间的一般与特殊化的关系。如在高校图书馆管理系统中,读者分为两类:学生和教师,不同读者的借阅规则不同,但是使用系统的功能是一样的,因此,建立三个角色,学生和教师是读者的泛化,如图3.9所示。

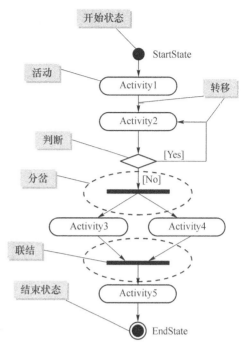

图3.7　活动图常用符号

存在泛化关系的两个用例功能相似,但子用例表现出更特别的行为,是父用例的特殊形式。子用例从父用例处继承行为和属性,还可以添加行为或覆盖、改变已继承的行为。如高校图书管理系统中,读者查询图书时可以按照作者查询,也可以按照书名查询,这时可以做成泛化关系表示,如图3.10所示。

包含用例用来封装一组跨越多个用例的相似动作(行为片断),以便多个基用例复用。有时用例的事件流过于复杂时,为了简化用例的描述,也可以把某一段事件流抽象成为一个被包含的用例;相反,用例划分太细时,也可以抽象出一个基用例,来包含这些细颗粒的用例。这种情况类似于在过程设计语言中,将程序的某一段算法封装成一个子过程,然后再从主程序中调用这一子过程。包含关系简化描述,避免多个用例中重复描述同一段行为或对同一段行为描述不一致,提高用例模型的可维护性。包含关系使用带虚线箭头表示,并在线上标有构造型<<include>>,箭头由基础用例指向分解出来的功能用例。

高校图书管理系统中,图书管理员为读者办理借书时,需要查询读者信息、查询图书信息、查询借阅信息和删除预约信息,然后完成借书过程。此外,这四个功能也可以作为单独的用例供读者使用,这时包含关系可以用来理清关系,如图3.11所示。

扩展关系是指用例功能的延伸,相当于为基础用例提供一个附加功能。扩展只能发生在基础用例的序列中的某个具体指定点上,这个点称为扩展点。扩展关系使用带虚线箭头表示,并在线上标有构造型<<extend>>,箭头指向基础用例。

高校图书馆管理系统中,图书管理员为读者办理还书时,如果读者借阅图书有超期未还的,则要触发超期交罚款的子用例。如果读者不小心把书弄丢了,则要触发处理丢书交罚款的子用例。而读者不存在这些意外情况时,不需要触发这些子用例,因此可以采用扩展关系来描述,如图3.11所示。

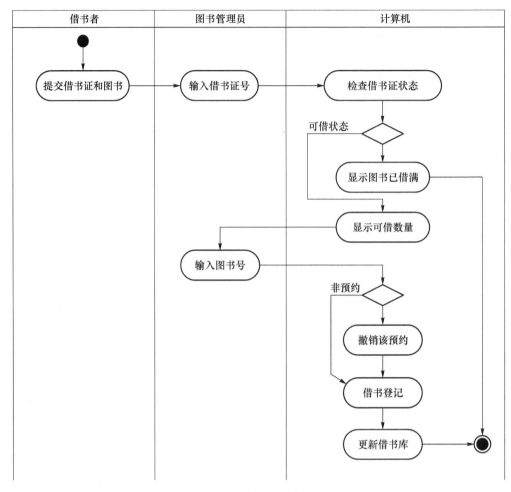

图 3.8 借书用例活动图

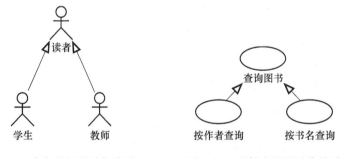

图 3.9 角色之间的泛化关系   图 3.10 用例之间的泛化关系

包含用例是基础用例的一部分,不能缺少,执行基础用例,必然执行包含用例,而扩展用例必须满足扩展点的条件才会执行。

(4)增加系统用例

从计算机系统使用角度分析,还需要为系统增加登录用例,并且系统管理员登录后才能进行信息管理,图书管理员登录后才能进行借阅管理,读者登录后才能查询借阅情况,进行图书的续借和预约。

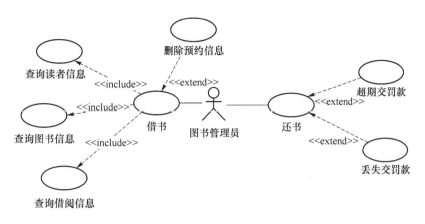

图 3.11 用例之间的包含和扩展关系

在开发大型、复杂软件系统的过程中,为了降低复杂程度,需要把系统划分成几个不同的主题,即子系统,每个子系统用相应的用例图描述,将用例图层次化。也可以按照角色完成用例图。

2. 系统业务流程建模

完成系统用例建模后,系统功能需求已经明确,还需要分析业务流程,可以用活动图描述整个系统的流程,或者子流程。图 3.12 所示是读者使用系统的流程图。读者登录系统后,可以进行四个操作:查询图书、预约图书、续借图书和退出,这四个操作是并发的。如果要查询图书,则进一步输入图书信息,显示查询结果,然后结束;如果预约图书或者续借图书,则输入图书信息,然后验证有效性,如果请求有效,则修改数据库表,否则结束。

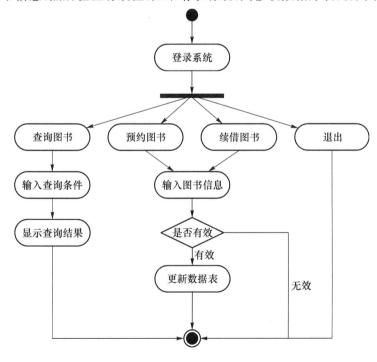

图 3.12 读者用户流程图

3.5 面向对象系统设计方法

3.5.1 面向对象设计任务

面向对象的设计方法是 OO 方法中一个中间过渡环节,其主要作用是对 OOA 分析的结果作进一步的规范化整理,以便能够被 OOP 直接接受。在 OOD 的设计过程中,要展开的主要有如下几项工作。

(1) 在需求分析阶段得到用例模型基础上,先初步分析系统的控制类、边界类和实体类,并得出实体类之间的关系,然后通过建立类对象之间的交互模型,进一步分析边界类、控制类和实体类的属性和操作,以及各个类之间的关系。完成类函数算法的设计,界面类对应界面的设计。

(2) 参照类模型,进一步完善对象交互模型、状态模型。

(3) 参照实体类关系图,完成数据库设计。

(4) 设计使用系统的流程图、静态构件模型和物理部署模型。

3.5.2 案例讲解面向对象设计过程

1. 类模型

确定了系统的所有用例之后,就可以开始识别目标系统中的对象和类了。在面向对象系统的建模中,类图是最为常用的图,是系统分析和设计阶段的重要产物,也是系统编码和测试的重要模型依据。类图通过描述系统类、接口以及它们之间的静态关系,阐明系统的静态结构,帮助人们简化对系统的理解。

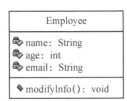

图 3.13 类的 UML 图示

类封装了数据和行为,是面向对象的重要组成部分,它是具有相同属性和操作的对象集合的总称。在 UML 中,类使用包含类名、属性和操作且带有分隔线的长方形来表示,如定义一个 Employee 类,它包含属性 name、age 和 email,以及操作 modifyInfo(),在 UML 类图中该类如图 3.13 所示。

一个类可以有任意多个属性,也可以没有属性,UML 规定属性的表示方式如下:

可见性　名称:类型[＝默认值]

其中:

- "可见性"表示该属性对于类外的元素而言是否可见,包括公有(public)、私有(private)和受保护(protected)三种。
- "名称"表示属性名,用一个字符串表示。
- "类型"表示属性的数据类型,可以是基本数据类型,也可以是用户自定义类型。
- "默认值"是一个可选项,即属性的初始值。

操作是类的任意一个实例对象都可以使用的行为,是类的成员方法。UML 规定操作的表示方式如下:

可见性　名称(参数列表)[:返回类型]

其中：
- "可见性"的定义与属性的可见性定义相同。
- "名称"即方法名,用一个字符串表示。
- "参数列表"表示方法的参数,其语法与属性的定义相似,参数个数是任意的,多个参数之间用逗号","隔开。
- "返回类型"是一个可选项,表示方法的返回值类型。

目标系统的类可以划分为边界类、控制类和实体类,如图 3.14 所示。

边界类代表了系统及其参与者的边界,描述参与者与系统之间的交互。通常,界面类、系统和设备接口类都属于边界类。

图 3.14　UML 的类

控制类代表了系统的逻辑控制,描述一个用例所具有的事件流的控制行为,实现对用例行为的封装。通常,可以为每个用例定义一个控制类。

实体类对应系统需求中的每个实体,一般需要使用数据库表或文件来记录,实体类来源于需求说明中的名词,如学生、商品等。

(1) 确定系统的类

需求分析阶段可以通过对了解到的需求进行研究,找出系统相关的类,主要是实体类,但是系统较复杂时,往往不能确定所有的类。可以以用例为研究单位,为每个参与者与用例之间确定一个边界类,为每个用例设置一个控制类,确定相关的各个实体类。下面对图 3.15 所示的"借书"用例进行类分析。

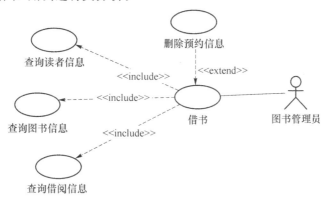

图 3.15　借书用例

经过分析"借书"用例的用例规约,该用例包含如下类。"借书控制类"实现了借书用例的流程控制,"借书界面类"为图书管理员和系统之间提供交互的界面,此外还有参与该用例的五个实体类:读者类、图书类、借阅信息类、预约信息类,如图 3.16 所示。

图 3.16　借书用例的类

按照该方法,依次分析各个用例的类,然后将重复类合并,得到系统所需要的类。

① 控制类

- 图书管理控制类:系统管理员使用该用例完成图书信息的维护,包括增加、删除、修改。
- 读者信息管理类:系统管理员使用该用例完成读者信息的维护,包括增加、删除、修改。
- 读者类别管理类:系统管理员使用该用例完成读者类别信息的维护,包括增加、删除、修改。
- 借书控制类:按照借书流程,完成借书操作。
- 还书控制类:按照还书流程,完成还书操作。
- 续借图书控制类:按照续借图书的条件及流程,完成续借图书操作。
- 预约图书控制类:按照预约图书流程,完成图书预约操作。
- 登录控制类:根据用户权限,完成用户信息验证,实现登录。

② 界面类

- 图书管理界面类:是系统与系统管理员之间的界面,系统管理员可以通过这个界面完成图书信息的维护。
- 读者信息管理界面类:是系统与系统管理员之间的界面,系统管理员可以通过这个界面完成读者信息的维护。
- 读者类别管理界面类:是系统与系统管理员之间的界面,系统管理员可以通过这个界面完成读者类别信息的维护。
- 借书界面类:是系统与图书管理员之间的界面,图书管理员可以通过这个界面完成借书业务,输入读者证号,输入图书条码号,浏览当前借书读者所借的所有图书,并能显示当前借阅图书的具体详细信息,如书名、作者等。
- 还书界面类:是系统与图书管理员之间的界面,图书管理员可以通过这个界面完成还书业务。
- 查询图书界面类:是系统与读者用户之间的界面,读者可以通过该界面实现图书的查询,如按照书名、作者、ISBN 等信息查询。
- 续借图书界面类:是系统与读者用户之间的界面,读者可以通过该界面完成图书续借操作。
- 借阅信息查询界面类:是系统与读者用户之间的界面,读者可以通过该界面查询自己的借阅记录。
- 预约图书界面类:是系统与读者用户之间的界面,读者可以通过该界面预约图书。
- 登录界面类:是系统与用户之间的界面,用户输入用户名和密码,选择用户类别,完成登录。

③ 实体类

- 图书类:对应图书信息及操作。
- 读者类:对应读者信息及操作。
- 读者类别类:对应读者类别信息及操作。
- 借阅信息类:对应读者借阅记录及操作。
- 预约信息类:对应读者的预约记录及操作。

- 罚款信息类：对应读者的罚款信息及操作。
- 系统管理员：对应系统管理员信息及操作。
- 图书管理员类：对应图书管理员信息及操作。

根据类在系统中承担的角色和职责，为类确定属性和操作，在分析阶段只是初步确定实体类的属性和操作。属性定义对象的静态特征，一个对象往往包含很多属性。比如，读者的属性可能有姓名、年龄、年级、性别、学号、身份证号、籍贯、民族和血型等。目标系统不可能关注对象的所有属性，而只是考虑与业务相关的属性。比如，在"图书馆信息管理"系统中，可能就不会考虑读者的民族和血型等属性。操作定义了对象的行为，并以某种方式修改对象的属性值。

（2）分析类之间的关系

确定了系统的类和对象之后，就可以分析类之间的关系了。在软件系统中，类并不是孤立存在的，类与类之间存在各种关系，对于不同类型的关系，UML 提供了不同的表示方式。对象或类之间的关系有依赖、关联、聚合、组合、泛化和实现。

关联（Association）关系是类与类之间最常用的一种关系，用于表示一类对象与另一类对象之间有联系。在 UML 类图中，用实线连接有关联关系的对象所对应的类，可以在关联线上标注关系名，一般使用一个表示两者之间关系的动词，关联线的两端标注角色名。在类图中还可以用重数表示关联中的数量关系，即参与关联的对象的个数，如果图中未明确标出关联的重数，则默认重数是1，常用的数量关系如表 3.2 所示。

表 3.2　多重性表示方式列表

表示方式	多重性说明
1..1	表示另一个类的一个对象只与该类的一个对象有关系
0..n	表示另一个类的一个对象与该类的零个或多个对象有关系
1..n	表示另一个类的一个对象与该类的一个或多个对象有关系
0..1	表示另一个类的一个对象没有或只与该类的一个对象有关系
m..n	表示另一个类的一个对象与该类最少 m，最多 n 个对象有关系（$m \leqslant n$）

类之间的关联关系默认是双向关联，用无箭头方向的直线表示，如图 3.17 所示。也可以是单向关系，用带箭头的实线表示，如图 3.18 所示。在系统中可能会存在一些类的属性对象类型为该类本身，这种特殊的关联关系称为自关联。例如，一个节点类（Node）的成员又是节点 Node 类型的对象，如图 3.19 所示。

图 3.17　类双向关联关系图

图 3.18　类单向关联关系图

聚合（Aggregation）关系表示整体与部分的关系。在聚合关系中，成员对象是整体对象的一部分，但是成员对象可以脱离整体对象独立存在。在 UML 中，聚合关系用带空心菱形的直线表示,头部指向整体。如图 3.20 所示,汽车包含有 4 个轮胎,但是轮胎也可以作为个体独立存在,在类关系图中,用聚合关系描述。

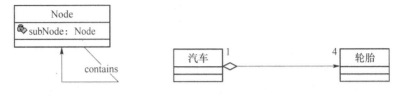

图 3.19　类自关联关系　　　　　　　图 3.20　类聚合关系

组合(Composition)关系也表示类之间整体和部分的关系,但是在组合关系中整体对象可以控制成员对象的生命周期,一旦整体对象不存在,成员对象也将不存在,成员对象与整体对象之间具有同生共死的关系。在 UML 中,组合关系用带实心菱形的直线表示,头部指向整体。如图 3.21 所示,公司包含多个部分,若公司倒闭,部门也就没有存在的意义了,可以用组合关系描述。

依赖(Dependency)关系是一种使用关系,表示一个事物使用另一个事物时使用依赖关系。大多数情况下,依赖关系体现在某个类的方法使用另一个类的对象作为参数。在 UML 中,依赖关系用带箭头的虚线表示,由依赖的一方指向被依赖的一方。如图 3.22 所示,课表类含有增加课程和删除课程两个函数,其参数为课程类对象,"课表"和"课程"之间为依赖关系。

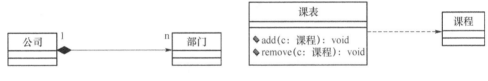

图 3.21　类组合关系　　　　　　　图 3.22　类依赖关系

泛化(Generalization)关系也就是继承关系,用于描述父类与子类之间的关系,父类又称作基类或超类,子类又称作派生类。在 UML 中,泛化关系用带空心三角形的直线来表示,箭头指向父类。如图 3.23 所示,"交通工具"类为抽象类,定义了抽象函数"dive()","汽车"和"船"为两种具体的交通工具,各自实现了"drive()"函数,用泛化描述其关系。在 Rational Rose 中,抽象类和抽象函数用斜体表示。

接口是一种特殊的类,通常没有属性,而且所有的操作都是抽象的,只有操作的声明,没

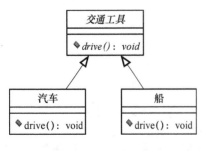

图 3.23　类泛化关系

有操作的实现,只可以被实现(继承)。UML 中用与类的表示法类似的方式表示接口,使用一个带有名称的小圆圈来进行表示。接口的 UML 如图 3.24 所示。

接口和类之间存在一种实现(Realization)关系,在这种关系中,类实现了接口,类中的操作实现了接口中所声明的抽象的操作。在 UML 中,类与接口之间的实现关系用带空心三角形的虚线来表示,箭头指向接口。如图 3.25 所示,将图 3.24 中"交通工具"定义为接口,"汽车"和"船"两个类实现了该接口。

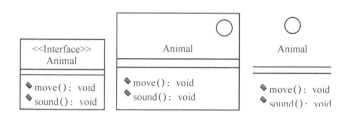

图 3.24 接口的 UML 图示

图 3.26 所示是高校图书馆管理系统实体类之间的关系图。高校图书馆管理系统的用户有系统管理员、图书管理员和读者，读者又有学生和教师两种类型，新增用户类，与系统管理员类、图书管理员类和读者类是泛化关系，读者类和学生类、教师类是泛化关系。每个读者类别有多个读者对象，因此"读者类别"和"读者类"之间是一对多的关系。一个读者可以借阅多本图书，一本图书也可以被多个读者借阅，"读者类"和"图书类"之间是多对多的关系，通过一个"借阅信息类"表示借阅信息，一个读者有多条借阅记录，一本书也有多条借阅记录。同理定义"预约信息类"和"罚款类"。

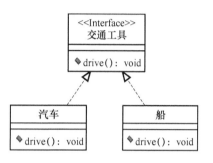

图 3.25 接口的实现

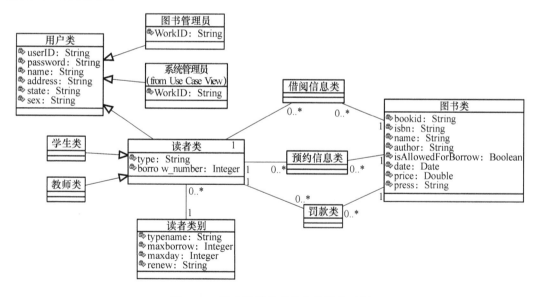

图 3.26 图书馆管理系统实体类关系图

2．对象图

对象图是类图在系统某一时刻的实例，表示在某一时间上一组对象以及它们之间的关系，但不包括在对象之间传递的任何消息，用于描述系统的静态结构。对象图中的建模元素有对象和链，对象是类的实例，对象之间的链是类之间的关联的实例。

UML 中对象的图标也是一个矩形，但对象图的对象名带有下画线，而且类与类之间关系的所有的实例都要画出来。如图 3.27 是与图 3.20 对应的对象图,每辆汽车有 4 个轮胎组成。

3. 对象-行为模型

明确了对象、类和类之间的层次关系之后,需要进一步识别出对象之间的动态交互行为,即系统响应外部事件或操作的工作过程。一般采用顺序图将用例和分析的对象联系在一起,描述用例的行为是如何在对象之间分布的。

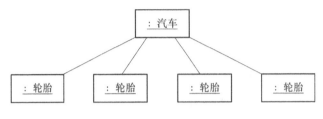

图 3.27 对象图

顺序图的主要用途是用更为精细的方式来表达用例的需求,同时更有效地描述如何分配各个类的职责。顺序图是对对象之间传送消息的时间顺序的可视化表示,阐明对象之间的交互过程以及在系统执行过程中的某一具体时刻将会发生什么事件,强调时间顺序。顺序图将交互关系表示为一个二维图,纵向是时间轴,横向轴代表了在用例中各独立对象的类元角色。

顺序图(Sequence Diagram)是由对象(Object)、生命线(Lifeline)、激活(Activation)、消息(Messages)、分支与从属流等元素构成的。对象就是指类的实例,沿横轴方向排列。生命线(Lifeline)是一条垂直的虚线,用来表示顺序图中的对象在一段时间内的存在。对象接收消息后被激活,然后完成相应操作,在 UML 图中通过一个窄长的矩形来表示,矩形的高度表示对象激活的过程。

消息(Messages)是对象间的一种通信机制,由发送对象向其他几个接收对象发送信号。顺序图的消息按照时间先后从上往下排列,第一个消息总是从顶端开始,并且一般位于图的左边,然后继发的消息加入图中,稍微比前面的消息低些。顺序图中的消息可以有序号,也可以省略。当向某个对象发送消息时,从发送消息的对象生命线开始画一条线指向接收对象,消息名字放置在带箭头的线上面。消息的名称可以是一个方法,包含名字、参数表、返回值接收消息的对象,通过对象的类实现的一个操作完成消息任务。UML 中的消息有简单消息、同步消息和异步消息。简单消息是从一个对象到另一个对象的控制流的转移。同步消息是消息发出了以后,发送对象必须等到接收对象的应答,才能继续自己的操作。异步消息是消息发出了以后,发送对象不必等到接收对象的应答,就可以继续自己的操作。图 3.28 列出了顺序图中几种消息的符号。

顺序图按时间顺序描述系统元素之间的交互。首先,确定触发用例的参与者,即该用例中的类对象,然后依次排列参与者对象、边界类对象、控制类对象、实体类对象。按照用例规约的描述,完成各对象之间的信息交互。图 3.29 是按照借书用例说明完成的顺序图,该用例参与者是图书管理员,边界类是借书界面类,控制类是借书控制类,实体类依次是读者类、借阅信息类、图书类、预约信息类。该顺序图只描述了借书用例的主事件流,其他事件流未体现。

(1) 图书管理员在界面录入读者信息。

(2) 界面类向控制类发送验证读者消息。

(3) 控制类向读者类对象发送验证读者消息。

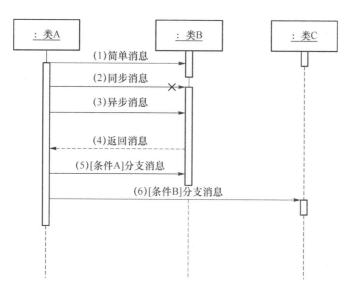

图 3.28 消息的分类

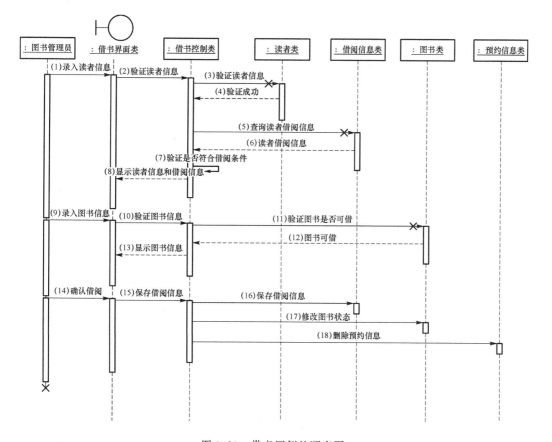

图 3.29 借书用例的顺序图

（4）读者类对象向控制类发送验证结果。

（5）如果读者信息验证通过，控制类向借阅信息类对象发送查询读者借阅信息消息。

（6）借阅信息类对象返回查询结果。

（7）控制类判断该读者是否符合借阅条件。

（8）如果符合借阅条件，控制类将读者信息及借阅记录发送给界面类，显示给图书管理员。

（9）图书管理员在界面录入图书信息。

（10）界面类向控制类发送验证图书消息。

（11）控制类向图书类对象发送验证图书是否可借的消息。

（12）图书类对象返回验证结果。

（13）如果图书可借，控制类将图书信息发送给界面。

（14）图书管理员确认图书信息后，确认借阅。

（15）界面类向控制类发送保存借阅信息的消息。

（16）控制类向借阅信息类对象发送保存借阅信息消息。

（17）控制类向图书类对象发送消息，改变图书状态为借出。

（18）控制类向预约信息类对象发送消息，删除该书的预约信息。

协作指的是在一定的语境中一组对象以及实现某些行为的对象间的相互作用。协作图强调参加交互的各对象组成的网络结构以及相互发送消息的整体行为。协作图由对象、消息和链等构成。对象是角色所属类的直接或间接实例，在协作图中，一个类的对象可能充当多个角色。消息用来描述系统动态行为，它是从一个对象向另一个或几个对象发送信息，或由一个对象调用另一个对象的操作。消息用带标签的箭头表示，附在链上，箭头所指方向为接收者。每个消息包括一个顺序号以及消息的名称，其中顺序号标识了消息的相关顺序，消息的名称可以是一个方法，包含名字、参数表、返回值。链连接了消息的发送者和接收者，表示两个或多个对象间的独立连接，是关联的实例。

顺序图和协作图都表示对象间的交互作用，描述的用例是相同的，只是方法不同，顺序图侧重时间顺序，顺序图更能清晰地体现该用例实现过程中消息的先后顺序；协作图侧重对象间的关系，更清晰地体现该用例中参与的对象之间的关系，时间顺序可以从对象流经的顺序编号中获得。两图可通过适当的方式进行转化。图3.30的协作图由图3.29转换而来。

4. 完善类

交互图描述了某个用例的实现过程，参与到用例的各个类对象之间通过发送消息，协作完成用例的功能。而类对象接收到消息后，对消息做出回应，就是类应该完成的职责，即该类要实现的操作。如图3.30描述的借书用例的协作图中，借书控制类接收到四个消息：验证读者信息、验证图书信息、判断读者是否符合借阅条件和保存借阅信息，那么在借书控制类中就要增加实现这四个操作的函数，如图3.31所示。

同理，为借书用例中的各个类增加相应的函数。

借书界面类：录入读者信息 InputUser( )、录入图书信息 InputBook( )和确认借阅 ConfirmBorrow( )。

图书类：验证图书是否可借 CheckBook( )、修改图书状态 Modify( )。

借阅信息记录类：查询读者借阅记录 SearchBorrow( )、保存借阅信息 SaveBorrow( )。

读者类：验证读者信息 CheckUser( )。

预约信息类：删除预约信息 DeleteOrder( )。

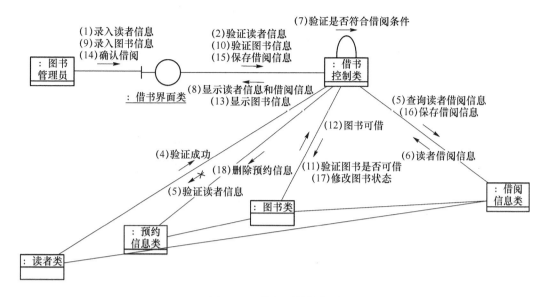

图 3.30 借书用例协作图

按照这个思路,完成高校图书馆管理系统的所有用例的顺序图和协作图,进一步确定系统中各个类的属性和函数,为后期的系统实现奠定基础。

确定系统类结构之后,就需要进一步设计类中函数的算法,可以使用结构化详细设计算法描述工具,如程序流程图、盒图、PAD图、结构化语言、判定表和判定树等(参见第3章内容)。表3.3为读者类中查询读者函数的算法设计。

借书控制类
◆ CheckUser(userid: String)
◆ CheckBook(bookid: String)
◆ SaveBorrow(userid: String, bookid: String)
◆ CheckBorrow(userid: String)

图 3.31 借书用例中借书控制类设计

表 3.3 查询读者函数设计表

类名	读者类	
方法名	CheckUser()	
类型修饰符	Public void	
参数	Userid	
出错消息	无	
访问的文件	读者信息表	
改变的文件	无	
程序逻辑	构造 SQL 查询语句	
	执行该查询语句	
	显示相关查询	
接口:调用形式	Void queryBorrower(){}	
接口:传入参数	读者编号	
接口:传出参数	相关记录	

对于界面类,可以完成界面的设计,即根据类函数设计用户接口,其设计原则与结构化界面设计原则一致。如图 3.32 为读者查询界面。用户输入读者证件号后,单击"查询"按钮,即可调用查询函数,完成后台操作,并将结果显示在界面上。

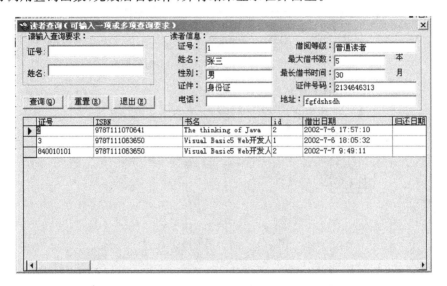

图 3.32　读者查询界面设计

5．完善对象-行为模型

前面设计的对象-行为模型中,对象之间的消息并不是用类的函数来表示的,后期采用面向对象语言编程实现时并不清晰,因此,根据完成的类设计,进一步完善对象-行为模型。图 3.33 为完善后借书用例的顺序图,图 3.34 是对应的协作图。

6．类对象的状态建模

状态图是对类的补充说明,主要用于描述一个对象所经历的状态序列,引起状态转移的事件(Event),以及因状态转移而伴随的动作(Action)。

所有对象都有状态,状态是对象执行了一系列活动的结果,当某个事件发生后,对象的状态将发生变化。在状态图中定义的状态主要有:初态(即初始状态)、终态(即最终状态)和中间状态。在一张状态图中只能有一个初态,而终态则可以有 0 至多个,中间状态有多个。初态用实心圆表示,终态用一对同心圆(内圈为实心圆)表示,中间状态用圆角矩形表示,可以用两条水平横线把它分成上、中、下 3 个部分。上面部分为状态的名称,这部分是必须有的;中间部分为状态变量的名字和值,这部分是可选的;下面部分是活动表,这部分也是可选的。

在活动表中一般包含 3 种标准事件:entry,exit 和 do。entry 事件指定进入该状态的动作,exit 事件指定退出该状态的动作,而 do 事件则指定在该状态下的动作。活动表中的事件可以是简单事件或组合事件,组合事件的语法如下:

事件名(参数表)/动作表达式

其中,"事件名"可以是任何事件的名称,"参数表"是该事件所需的参数,"动作表达式"描述执行的动作。

状态图中两个状态之间带箭头的连线称为状态转换,箭头指明了转换方向。状态变迁

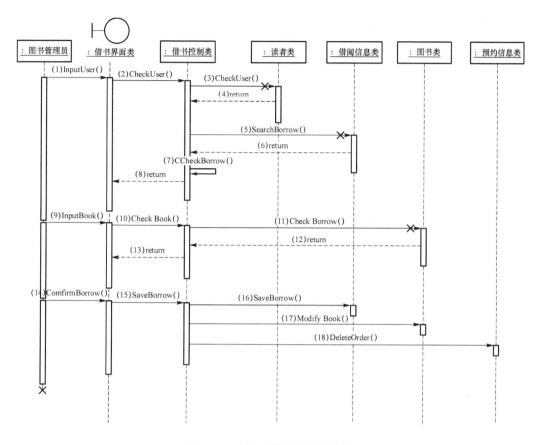

图 3.33 完善后借书用例顺序图

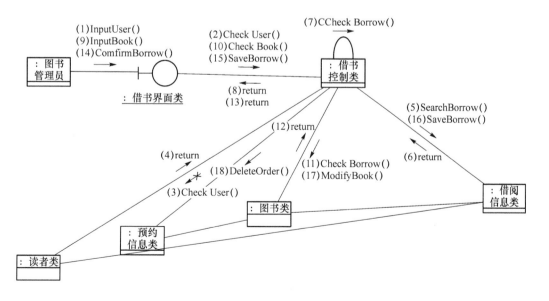

图 3.34 完善后借书用例协作图

通常是由事件触发的,在这种情况下应在表示状态转换的箭头线上标出触发转换的事件表达式;如果在箭头线上未标明事件,则表示在原状态的内部活动执行完之后自动触发转换。事件是在某个特定时刻发生的事情,它是对引起系统从一个状态转换到另一个状态的外界事件的抽象。事件表达式的语法如下:

事件名(参数表)[守卫条件]/动作表达式

守卫条件是一个布尔表达式。如果同时使用事件说明和守卫条件,则当且仅当事件发生且布尔表达式为真时,状态转换才发生。如果只有守卫条件没有事件说明,则只要守卫条件为真状态转换就发生。动作表达式是一个过程表达式,当状态转换开始时执行该表达式。

图 3.35 为学生选课的状态图。初始化状态完成课程的信息初始化,当有学生选课时进入选课状态,每添加一个学生结束选课状态,然后通过条件判断,如果学生数小于 10,则再进入选课状态,如果达到 10,则进入结束选课状态,该课程所有状态结束。如果课程被取消,则进入取消状态,然后该课程所有状态结束。

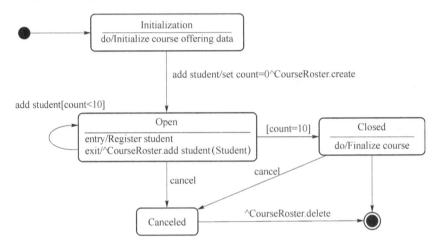

图 3.35 学生选课状态图

根据系统特点,某个类可以有多个状态,通过状态图将状态之间的转换条件描述出来。但某个类没有多个状态时,就可以不用给出类对象的状态图。图 3.36 所示是高校图书管理系统中图书对象的状态图,该类对象有"新书""待借图书""被预约图书""已借出图书"和"被销毁图书"五种状态,通过箭头描述了状态之间的转换关系,箭头上标明了促发状态转换的事件。

7. 系统数据库设计

数据库设计是系统设计中非常重要的一部分,面向对象方法中数据库的设计来源于实体类图,因为实体类图与实体-关系图描述的信息是一样的,只是表现方式不一样,所以,面向对象数据库的设计与结构化中数据库的设计是类似的。

(1) 将实体类图转换为关系模型

系统中每个对象都有自己的属性和状态,需要把对象的属性和状态保存在数据库中,对象之间的关联关系(一对一,一对多,多对多)、泛化、聚合、依赖等关系也要进行存储,因此实体类图转换为关系模型按照如下原则。

① 一个对象类转换为一个关系表,类的属性转换为关系表的字段。如高校图书管理系

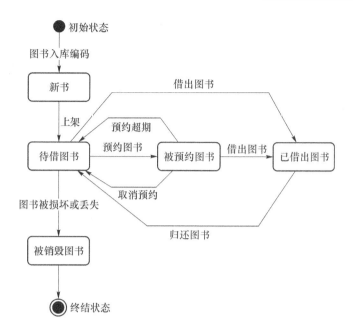

图 3.36 图书的状态图

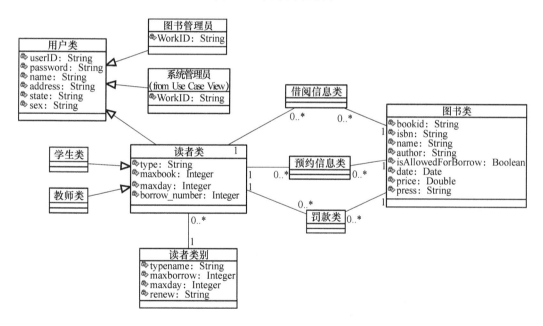

图 3.37 高校图书馆管理系统实体类关系图

统中的"图书类"转换为关系表后为

图书表(图书编号,ISBN,书名,作者,出版日期,价格,出版社,是否可借)

② 泛化关系可以对父类、子类分别转换关系表,也可以不定义父类表而让子类表拥有父类属性;反之,也可以不定义子类表而让父类表拥有全部子类属性。高校图书管理系统中,"用户类"是"系统管理员类""图书管理员类""读者类"三个类的父类,因为三个子类的属性不同,所以不定义父类表,只定义三个子类表,然后将父类表的属性添加到子类表中。"读

者类"是"教师类"和"学生类"的父类,两个子类属性相同,只是属性值不同,可以通过父类中的"类别"属性区分,因此,不需要单独创建学生表和教师表。

  读者表(<u>用户编号</u>,密码,用户名,性别,地址,状态,类别编号,已借数量)

  图书管理员表(<u>用户编号</u>,密码,用户名,性别,地址,状态,工号)

  系统管理员表(<u>用户编号</u>,密码,用户名,性别,地址,状态,工号)

③ 一对一关联关系:在关联类转换的关系表中任意一个表中增加一另外一个表的主键,作为本表的外键。

④ 一对多关联关系:将重数是"一"的实体类转换表的主键添加在重数为"多"的实体类转换的关系表中,作为外键。如高校图书管理系统中"读者类别类"和"读者类"是一对多的关联关系,两个类分别转换成"读者类别表"和"读者表",然后将读者类别表的主键添加在读者表中,作为读者表的外键。

  读者类别表(<u>类别编号</u>,类别名,可借图书数,可借天数,可以续借次数)

  读者表(<u>用户编号</u>,密码,用户名,性别,地址,状态,<u>类别编号</u>,已借数量)

⑤ 多对多关联关系:将关联关系单独转换为一个表,该表的主键是关联类转换的关系表的主键组合而成的。如高校图书管理系统中,"读者类"和"图书类"之间的预约关系是多对多的,可以通过一张表存储,该表的主键是读者类主键和图书类主键的组合。

预约信息表(<u>图书编号,用户编号</u>,日期)

将转换完成后的关系表进行优化,按照范式原则,一般符合第三范式就可以了。具体优化方法见结构化开发方法中的数据库设计章节。

(2)根据关系模型建立物理表

为每个关系表建立相应的物理表结构,主要是定义字段的数据类型、长度等信息,然后选择恰当的数据库管理系统,为系统创建数据库。

表 3.4   图书表结构

字段名	数据类型	数据长度	说明
图书编号	字符型	20	Not Null,PK
ISBN	字符型	30	Not Null
书名	字符型	30	Not Null
作者	字符型	20	Not Null
出版日期	日期型	10	Not Null
价格	数值型	10	Not Null
出版社	字符型	20	Not Null
是否可借	布尔型	10	Not Null

8. 系统实现模型

实现模型是对系统各个组成部分的框架性描述,也称为物理体系结构模型,主要包括构件图和部署图。系统实现模型给开发人员展示目标系统的视图,帮助开发人员了解系统是如何构造的,以及某一构件或子系统在何处。

构件图显示系统中的构件与构件之间的依赖关系,显示了系统的代码的结构。构件作为系统中的一个物理实现单元,可以是软件代码(源码,二进制代码,可执行文件,脚本,命令行等),或者是带有身份标识并且有物理实体的文件(文档,数据库)。构建图中也可以包括包或子系统,它们都用于将模型元素组成较大的组块。标准构件用左边有两个小矩形的大矩形表示,构件名在大矩形内部。构件有不同的类型,构件之间的关系表现为依赖关系。图 3.38 所示为高校图书管理系统的包图,该系统有 4 个包,每个包由多个文件组成。

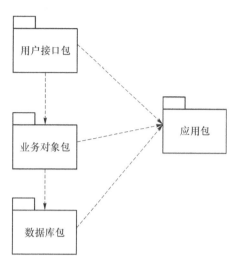

图 3.38　高校图书管理系统包图

图 3.39 所示是高校图书管理系统用户接口包中界面类之间的构件图,该系统主要有主界面、借出图书界面、归还图书界面、续借图书界面、查询信息界面、罚款管理界面、图书管理界面、书目管理界面和借阅者管理界面等界面构件组成,主界面依赖其他界面。同时,也可以给出系统控制类构件的关系。

部署图通过对硬件的物理拓扑结构、连接硬件的各种协议、硬件结点上运行的软件组件、软件组件包含的逻辑单元(对象、类)等的显示,描述系统的部署结构,系统开发人员和部署人员可以利用部署图去了解系统的物理运行情况。部署图包括节点和节点间的连接两种基本模型元素。节点是系统运行时的硬件,用立方体表示,应标注名字。连接用来表示两个节点表示的硬件的通信路径,连接用实线表示,实线上可加连接名和构造型。

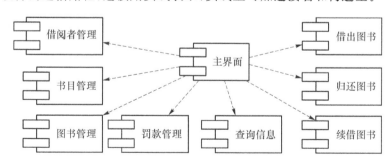

图 3.39　高校图书管理系统用户接口包构件图

高校图书馆管理系统的不同用户使用系统方式不同,因此该系统建立多层 C/S 和 B/S 混合模式的部署框图,如图 3.40 所示。读者通过 Web 客户端浏览器访问系统,是 B/S 的体系结构,图书管理员和系统管理员通过 Windows 客户机的客户端完成日常工作,并与条码扫描仪相连,是 C/S 的体系结构。

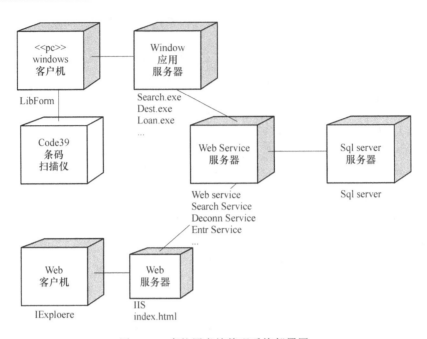

图 3.40　高校图书馆管理系统部署图

第4章 软件测试

软件产品是人通过各种方法、借用各种工具开发的,尽管我们想尽了各种办法但依然存在缺陷。通常软件测试的任务是发现软件系统的缺陷,清除缺陷,保证软件的质量。但在软件中是不可能没有缺陷的。即便软件开发人员、测试人员尽了努力,也无法完全发现和消除缺陷。

软件缺陷是软件开发过程中的重要属性,它提供了许多信息。不同成熟度的软件组织采用不同的方式管理缺陷。低成熟度的软件组织会记录缺陷,并跟踪缺陷纠正过程。高成熟度的软件组织,还会充分利用缺陷提供的信息,建立组织过程能力基线,实现量化过程管理,并可以此为基础,通过缺陷预防实现过程的持续性优化。

因此本章从软件缺陷、软件质量讲到软件测试,希望读者形成系统的软件测试思维,从而指导测试实践,在实践中达到软件质量的持续改进和优化。

软件测试流程可分为测试计划、测试设计、测试执行、测试评估。

4.1 软 件 缺 陷

软件缺陷(Defect),常常又被称为 Bug。所谓软件缺陷,即为计算机软件或程序中存在的某种破坏正常运行能力的问题、错误,或者隐藏的功能缺陷。缺陷的存在会导致软件产品在某种程度上不能满足用户的需要。IEEE729—1983 对缺陷有一个标准的定义:从产品内部看,缺陷是软件产品开发或维护过程中存在的错误、毛病等各种问题;从产品外部看,缺陷是系统所需要实现的某种功能的失效或违背。在软件开发生命周期的后期,修复检测到的软件错误的成本较高。

缺陷的表现形式不仅体现在功能的失效方面,还体现在其他方面。主要类型有:软件没有实现产品规格说明所要求的功能模块;软件中出现了产品规格说明指明不应该出现的错误;软件实现了产品规格说明没有提到的功能模块;软件没有实现虽然产品规格说明没有明确提及但应该实现的目标;软件难以理解,不容易使用,运行缓慢,或从测试员的角度看,最终用户会认为不好。

4.2 软 件 质 量

随着计算机技术的飞速发展,计算机系统的规模和复杂性急剧增加,其软件开发成本以及由于软件缺陷而造成的经济损失也正在增加,软件质量问题已成为人们共同关注的焦点。

软件质量就是"软件与明确的和隐含的定义的需求相一致的程度"。具体地说,软件质量是软件符合明确叙述的功能和性能需求、文档中明确描述的开发标准以及所有专业开发的软件都应具有的隐含特征的程度。

4.3 软件测试流程

软件测试是对软件需求分析、设计规格说明和编码的最终复审，是软件质量保证的关键步骤。

软件测试的目标，就是为了更快、更早地将软件产品或软件系统中所存在的各种问题找出来，并促进程序员尽快地解决这些问题，最终及时地向客户提供一个高质量的软件产品。

软件测试，描述一种用来促进鉴定软件的正确性、完整性、安全性和质量的过程。换句话说，软件测试是一种实际输出与预期输出间的审核或者比较过程。软件测试的经典定义是：在规定的条件下对程序进行操作，以发现程序错误，衡量软件质量，并对其是否能满足设计要求进行评估的过程。

软件测试是使用人工操作或者软件自动运行的方式来检验它是否满足规定的需求或弄清预期结果与实际结果之间的差别的过程。

软件测试流程可分为测试计划、测试设计、测试执行、测试评估。

1. 测试计划

根据用户需求报告中关于功能要求和性能指标的规格说明书，定义相应的测试需求报告，使得随后所有的测试工作都将围绕着测试需求来进行。同时，适当选择测试内容，合理安排测试人员、测试时间及测试资源等。

2. 测试设计

测试设计是指将测试计划阶段制订的测试需求分解、细化为若干个可执行的测试过程，并为每个测试过程选择适当的测试用例，保证测试结果的有效性。

3. 测试执行

执行测试开发阶段建立的自动测试过程，并对所发现的缺陷进行跟踪管理。测试执行一般由单元测试、组合测试、集成测试以及回归测试等步骤组成。

4. 测试评估

结合量化的测试覆盖域及缺陷跟踪报告，对于应用软件的质量和开发团队的工作进度及工作效率进行综合评价。

测试人员需要搭建测试环境，应尽可能地模拟被测系统的实际应用工作所必需的软件、硬件系统、网络设备、历史数据和支持条件等，测试执行过程又分为以下测试阶段：单元测试、集成测试、确认测试、系统测试、验收测试等。

软件生命周期是指从软件定义、开发、使用、维护到报废为止的整个过程，一般包括问题定义、可行性分析、需求分析、总体设计、详细设计、编码、测试和维护。对应着软件生命周期的、与之同行的是软件测试生命周期如图 4.1 所示。

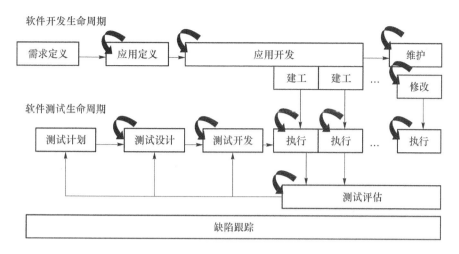

图 4.1 软件测试流程

4.4 制订测试计划

测试计划(Testing Plan)是描述要进行的测试活动的范围、方法、资源和进度的文档;是对整个信息系统应用软件组装测试和确认测试。它确定测试项、被测特性、测试任务、谁执行任务、各种可能的风险。测试计划可以有效预防计划的风险,保障计划的顺利实施。

1. 制订测试计划,要达到的目标

(1) 为测试各项活动制订一个现实可行的、综合的计划,包括每项测试活动的对象、范围、方法、进度和预期结果。

(2) 为项目实施建立一个组织模型,并定义测试项目中每个角色的责任和工作内容。

(3) 开发有效的测试模型,能正确地验证正在开发的软件系统。

(4) 确定测试所需要的时间和资源,以保证其可获得性、有效性。

(5) 确立每个测试阶段测试完成以及测试成功的标准和要实现的目标。

(6) 识别出测试活动中的各种风险,并消除可能存在的风险,降低由不可能消除的风险带来的损失。

2. 测试计划的注意事项

(1) 测试计划不一定要尽善尽美,但一定要切合实际,要根据项目特点、公司实际情况来编制,不能脱离实际情况。

(2) 测试计划一旦制订下来,并不就是一成不变的,世界万事万物时时刻刻都在变化,软件需求、软件开发、人员流动等都在时刻发生着变化,测试计划也要根据实际情况的变化而不断进行调整,以满足实际测试要求。

(3) 测试计划要能从宏观上反映项目的测试任务、测试阶段、资源需求等,不一定要太过详细。

测试计划案例可参见本书 5.6 节系统集成测试计划书、5.7 节系统验收测试计划书内容。

4.5 设计测试用例

测试用例(Test Case)是指对一项特定的软件产品进行测试任务的描述,体现测试方案、方法、技术和策略。其内容包括测试目标、测试环境、输入数据、测试步骤、预期结果、测试脚本等,最终形成文档。简单地认为,测试用例是为某个特殊目标而编制的一组测试输入、执行条件以及预期结果,用于核实是否满足某个特定软件需求。

测试用例(Test Case)是将软件测试的行为活动做一个科学化的组织归纳,目的是能够将软件测试的行为转化成可管理的模式;同时测试用例也是将测试具体量化的方法之一,不同类别的软件,测试用例是不同的。

测试用例的设计方法主要有黑盒测试法和白盒测试法。

黑盒测试也称功能测试,黑盒测试着眼于程序外部结构,不考虑内部逻辑结构,主要针对软件界面和软件功能进行测试。

白盒测试又称结构测试、透明盒测试、逻辑驱动测试或基于代码的测试。白盒法全面了解程序内部逻辑结构、对所有逻辑路径进行测试。

4.5.1 白盒技术

白盒测试又称结构测试、透明盒测试、逻辑驱动测试或基于代码的测试。白盒测试是一种测试用例设计方法,盒子指的是被测试的软件,白盒指的是盒子是可视的,清楚盒子内部的东西以及里面是如何运作的。白盒法全面了解程序内部逻辑结构、对所有逻辑路径进行测试。白盒法是穷举路径测试。在使用这一方案时,测试者必须检查程序的内部结构,从检查程序的逻辑着手,得出测试数据。贯穿程序的独立路径数是天文数字。

白盒测试的测试方法有代码检查法、静态结构分析法、逻辑覆盖法、循环测试法、基本路径测试法、数据流测试、程序插桩和程序变异等。

白盒测试法的逻辑覆盖包括语句覆盖、判定覆盖、条件覆盖、判定/条件覆盖、条件组合覆盖和路径覆盖。六种覆盖标准发现错误的能力呈由弱到强的变化,如下。

(1) 语句覆盖每条语句至少执行一次。

(2) 判定覆盖每个判定的每个分支至少执行一次。

(3) 条件覆盖每个判定的每个条件应取到各种可能的值。

(4) 判定/条件覆盖同时满足判定覆盖条件覆盖。

(5) 条件组合覆盖每个判定中各条件的每一种组合至少出现一次。

(6) 路径覆盖使程序中每一条可能的路径至少执行一次。

1. 逻辑覆盖法

程序内部的逻辑覆盖程度,当程序中有循环时,覆盖每条路径是不可能的,要设计使覆盖程度较高的或覆盖最有代表性的路径的测试用例。下面根据图 4.2 所示的程序流程图,分别讨论几种常用的覆盖技术。

图 4.2 所示程序段有 4 条不同路径。

L1(a→c→e):{(A=2) ∧ (B=0)}或

$\qquad$ {(A>1)∧ (B=0) ∧ (X/A>1)}

$$L2(a \to b \to d): \{(A \leqslant 1) \land (X \leqslant 1)\} 或$$
$$\{(B \neq 0) \land (A \neq 2) \land (X \leqslant 1)\}$$
$$L3(a \to b \to e): \{(A \leqslant 1) \land (X > 1)\} 或$$
$$\{(B \neq 0) \land (A = 2)\} 或$$
$$\{(B \neq 0) \land (X > 1)\}$$
$$L4(a \to c \to d): \{(A > 1) \land (B = 0) \land$$
$$(A \neq 2) \land (X/A \leqslant 1)\}$$

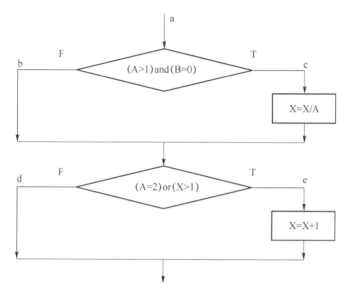

图 4.2　程序流程图

（1）语句覆盖

为了提高发现错误的可能性,在测试时应该执行到程序中的每一个语句。语句覆盖是指设计足够的测试用例,使被测试程序中每个语句至少执行一次。

我们统一测试用例的格式如下:

{输入(A,B,X),输出(A,B,X)}或

{输入(A,B,X)}

如上例,设计满足语句覆盖的测试用例是:

{(2,0,4),(2,0,3)}

（2）判定覆盖

判定覆盖指设计足够的测试用例,使得被测程序中每个判定表达式至少获得一次"真"值和"假"值,从而使程序的每一个分支至少都通过一次,因此判定覆盖也称分支覆盖。

上例中,如果选择路径 L1 和 L2,就可得到满足判断覆盖要求的测试用例:

L1:{(2,0,4),(2,0,3)}

L2:{(1,1,1),(1,1,1)}

如果选择路径 L3 和 L4,还可得到另一组满足判定覆盖条件的测试用例:

L3:{(2,1,1),(2,1,2)}

L4:{(3,0,3),(3,1,1)}

可见,测试用例的取法不唯一。

（3）条件覆盖

条件覆盖是指设计足够的测试用例,使得判定表达式中每个条件的各种可能的值至少出现一次。

上例中,对所有条件的取值加以标记如下。

对第一个判断:

条件 A＞1,取真为 T1,取假为 <u>T1</u>

条件 B＝0,取真为 T2,取假为 <u>T2</u>

对第二个判断:

条件 A＝2,取真为 T3,取假为 <u>T3</u>

条件 X＞1,取真为 T4,取假为 <u>T4</u>

可选取的测试用例如图 4.3 所示,图 4.4 所示测试用例也可。

测试用例	通过路径	条件取值				覆盖分支
{ (2, 0, 4) , (2, 0, 3) }	L1	T1	T2	T3	T4	c, e
{ (1, 0, 1) , (1, 0, 1) }	L2	F1	T2	F3	F4	b, d
{ (2, 1, 1) , (2, 1, 2) }	L3	T1	F2	T3	F4	b, e

图 4.3　测试用例设计一

测试用例	通过路径	条件取值				覆盖分支
{ (1, 0, 3) , (1, 0, 4) }	L3	F1	T2	F3	T4	b, e
{ (2, 1, 1) , (2, 1, 2) }	L3	T1	F2	T3	F4	b, e

图 4.4　测试用例设计二

（4）判定条件覆盖

该覆盖标准指设计足够的测试用例,使得判定表达式的每个条件的所有可能取值至少出现一次,并使每个判定表达式所有可能的结果也至少出现一次。

上例中,只需设计以下两个测试用例,便可覆盖图中的 8 个原子谓词取值以及 4 个判断分支,如图 4.5 所示。

测试用例	通过路径	条件取值				覆盖分支
{ (2, 0, 4) , (2, 0, 3) }	L1	T1	T2	T3	T4	c, e
{ (1, 1, 1) , (1, 1, 1) }	L2	F1	F2	F3	F4	b, d

图 4.5　测试用例设计

（5）条件组合覆盖

条件组合覆盖是比较强的覆盖标准,它是指设计足够的测试用例,使得每个判定表达式中条件的各种可能的值的组合都至少出现一次。

上例中,对于第一个复合条件,有 2 个条件,4 个取值组合。

① 　T1　T2

② 　T1　F2

③　F1　T2

④　F1　F2

对于第二个复合条件,也有 2 个条件,4 个取值组合。

⑤　T3　T4

⑥　T3　F4

⑦　F3　T4

⑧　F3　F4

如果考虑第一个复合条件的 4 个组合与第二个复合谓词的 4 个组合再进行组合,就需要 $4^2=16$ 个测试用例了。

如果不考虑第一个复合条件词的 4 个组合与第二个复合条件的 4 个组合再进行组合,则取 4 个测试用例就能覆盖上面 8 种条件取值的组合。

图 4.6 中的这组测试用例覆盖了所有原子谓词的可能取值的组合,覆盖了所有分支的可取分支。但路径漏掉了 L4,故达到复合谓词覆盖的测试用例仍是不完全的。

测试用例	通过路径	条件取值	覆盖组合号
{ (2, 0, 4) , (2, 0, 3) }	L1	T1　T2　T3　T4	①、⑤
{ (2, 1, 1) , (2, 1, 2) }	L3	T1　F2　T3　F4	②、⑥
{ (1, 0, 3) , (1, 0, 4) }	L3	F1　T2　F3　T4	③、⑦
{ (1, 1, 1) , (1, 1, 1) }	L2	F1　F2　F3　F4	④、⑧

图 4.6　测试用例设计

(6) 路径覆盖

路径覆盖是指设计足够的测试用例,覆盖被测程序中所有可能的路径。

在实际的逻辑覆盖测试中,一般以条件组合覆盖为主设计测试用例,然后再补充部分用例,以达到路径覆盖测试标准。

上例中,可以选择如图 4.7 所示的一组测试用例(可有多组)来覆盖该程序段的全部路径。

测试用例	通过路径	条件取值
{ (2, 0, 4) , (2, 0, 3) }	L1	T1　T2　T3　T4
{ (1, 1, 1) , (1, 1, 1) }	L2	F1　F2　F3　F4
{ (1, 1, 2) , (1, 1, 3) }	L3	F1　F2　F3　T4
{ (3, 0, 3) , (3, 0, 1) }	L4	T1　T2　F3　T4

图 4.7　测试用例设计

2. 循环覆盖法

循环是大多数软件实现算法的重要部分。循环测试报告是否执行了每个循环零次,只有一次,还是多次。循环测试注重于循环构造的有效性。

有四种循环:简单循环、嵌套循环、串接循环和不规则循环,如图 4.8 所示。

(1) 简单循环的测试集

整个跳过循环。

只有一次通过循环。

两次通过循环。

m 次通过循环,其中 $m<n$。

$n-1,n,n+1$ 次通过循环。n 是允许通过循环的最大次数。

（2）嵌套循环的测试集

如果将简单循环的测试方法用于嵌套循环,测试数就会随着嵌套层数呈几何级增加,导致不实际的测试数目。

Beizer 提出了一种减少测试数的方法:

从内层循环开始,将其他循环设置为最小值。

对最内层循环使用简单循环测试,而使外层循环的循环计数最小,并为范围外或排除的值增加其他测试。

由内向外构造下一个循环的测试,但其他的外层循环为最小值,并使其他的嵌套循环为典型值。

继续直到测试完所有的循环。

（3）串接循环测试和不规则循环

可以使用嵌套循环的策略测试串接循环。

对于不规则循环,应尽可能地将这类循环重新设计为结构化的程序结构。

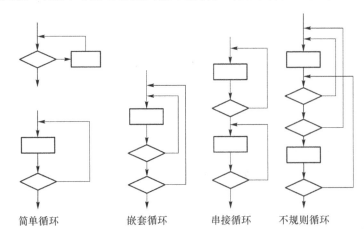

简单循环　　　　嵌套循环　　　　串接循环　　　　不规则循环

图 4.8　循环分类

3．基本路径测试法

白盒测试的测试方法中运用最为广泛的是基本路径测试法。

基本路径测试法是在程序控制流图的基础上,通过分析控制构造的环路复杂性,导出基本可执行路径集合,从而设计测试用例的方法。设计出的测试用例要保证在测试中程序的每个可执行语句至少执行一次。

在程序控制流图的基础上,通过分析控制构造的环路复杂性,导出基本可执行路径集合,从而设计测试用例。包括以下 4 个步骤和一个工具方法。

（1）程序的控制流图:描述程序控制流的一种图示方法。

（2）程序圈复杂度:McCabe 复杂性度量。从程序的环路复杂性可导出程序基本路径集合中的独立路径条数,这是确定程序中每个可执行语句至少执行一次所必须的测试用例数目的上界。

（3）导出测试用例：根据圈复杂度和程序结构设计用例数据输入和预期结果。

（4）准备测试用例：确保基本路径集中的每一条路径的执行。

基本路径测试法工具方法如下。

（1）图形矩阵：是在基本路径测试中起辅助作用的软件工具，利用它可以实现自动地确定一个基本路径集。

（2）程序的控制流图：描述程序控制流的一种图示方法。

（3）圆圈称为控制流图的一个结点，表示一个或多个无分支的语句或源程序语句。

流图只有两种图形符号：

（1）图中的每一个圆称为流图的结点，代表一条或多条语句。

（2）流图中的箭头称为边或连接，代表控制流，任何过程设计都要被翻译成控制流图。

有以下三种方法计算圈复杂度：

（1）流图中区域的数量对应于环型的复杂性。

（2）给定流图 G 的圈复杂度 $V(G)$，定义为 $V(G)=E-N+2$，E 是流图中边的数量，N 是流图中结点的数量。

（3）给定流图 G 的圈复杂度 $V(G)$，定义为 $V(G)=P+1$，P 是流图 G 中判定结点的数量。

基本路径测试法案例可参见本书附录 D。

4. 数据流测试

早期的数据流测试分析常常集中于定义/引用异常的缺陷，用于如下三方面测试：

（1）变量被定义，但是从来没有使用（引用）。

（2）所使用的变量没有被定义。

（3）变量在使用之前被定义两次。

从中可以得出，早期的数据流测试主要用于检测程序编写时出现的一些警告信息，如"所定义的变量未被使用等"问题，这些问题光靠简单的语法分析器或者是语义分析器是无法检测出来的。

4.5.2　黑盒技术

黑盒测试也称功能测试，它是通过测试来检测每个功能是否都能正常使用。在测试中，把程序看作一个不能打开的黑盒子，在完全不考虑程序内部结构和内部特性的情况下，在程序接口进行测试，它只检查程序功能是否按照需求规格说明书的规定正常使用，程序是否能适当地接收输入数据而产生正确的输出信息。黑盒测试着眼于程序外部结构，不考虑内部逻辑结构，主要针对软件界面和软件功能进行测试。

黑盒测试是以用户的角度，从输入数据与输出数据的对应关系出发进行测试的。很明显，如果外部特性本身设计有问题或规格说明的规定有误，用黑盒测试方法是发现不了的。黑盒测试法注重于测试软件的功能需求，主要试图发现下列几类错误：功能不正确或遗漏；界面错误；输入和输出错误；数据库访问错误；性能错误；初始化和终止错误等。

从理论上讲，黑盒测试只有采用穷举输入测试，把所有可能的输入都作为测试情况考虑，才能查出程序中所有的错误。实际上测试情况有无穷多个，人们不仅要测试所有合法的输入，而且还要对那些不合法但可能的输入进行测试。这样看来，完全测试是不可能的，所以我们要进行有针对性的测试，通过制订测试案例指导测试的实施，保证软件测试有组织、按步骤，以及有计划地进行。

具体的黑盒测试用例设计方法包括等价类划分法、边界值分析法、错误推测法、因果图法、判定表法和场景法等。

1. 等价类划分

等价类划分的办法是把程序的输入域划分成若干部分(子集),然后从每个部分中选取少数代表性数据作为测试用例。每一类的代表性数据在测试中的作用等价于这一类中的其他值。该方法是一种重要的且常用的黑盒测试用例设计方法。

划分等价类的方法如下。

(1) 划分等价类:等价类是指某个输入域的子集合。在该子集合中,各个输入数据对于揭露程序中的错误都是等效的,并合理地假定:测试某等价类的代表值就等于对这一类其他值的测试。因此,可以把全部输入数据合理划分为若干等价类,在每一个等价类中取一个数据作为测试的输入条件,就可以用少量代表性的测试数据取得较好的测试结果。等价类划分可有两种不同的情况:有效等价类和无效等价类。

① 有效等价类:是指对于程序的规格说明来说是合理的,有意义的输入数据构成的集合。利用有效等价类可检验程序是否实现了规格说明中所规定的功能和性能。

② 无效等价类:与有效等价类的定义恰巧相反。

设计测试用例时,要同时考虑这两种等价类。因为,软件不仅要能接收合理的数据,也要能经受意外的考验,这样的测试才能确保软件具有更高的可靠性。

确定等价类的原则:

① 在输入条件规定了取值范围或值的个数的情况下,则可以确立一个有效等价类和两个无效等价类。

② 在输入条件规定了输入值的集合或者规定了"必须如何"的条件的情况下,可确立一个有效等价类和一个无效等价类。

③ 在输入条件是一个布尔量的情况下,可确定一个有效等价类和一个无效等价类。

④ 在规定了输入数据的一组值(假定 n 个),并且程序要对每一个输入值分别处理的情况下,可确立 n 个有效等价类和一个无效等价类。

⑤ 在规定了输入数据必须遵守的规则的情况下,可确立一个有效等价类(符合规则)和若干个无效等价类(从不同角度违反规则)。

⑥ 在确知已划分的等价类中各元素在程序处理中的方式不同的情况下,则应再将该等价类进一步的划分为更小的等价类。

(2) 在确立了等价类之后,可按表 4.1 的形式列出所有划分出的等价类表,同样,也可按照输出条件,将输出域划分为若干个等价类。

表 4.1　等价类表

输入条件	有效等价类	无效等价类

等价类划分设计测试用例:在确立了等价类后,可建立表 4.1 的等价类表,列出所有划分出的等价类。

然后从划分出的等价类中按以下三个原则设计测试用例:

① 为每一个等价类规定一个唯一的编号。

② 设计一个新的测试用例,使其尽可能多地覆盖尚未被覆盖的有效等价类,重复这一步,直到所有的有效等价类都被覆盖为止。

③ 设计一个新的测试用例,使其仅覆盖一个尚未被覆盖的无效等价类,重复这一步,直到所有的无效等价类都被覆盖为止。

例:三角形问题的等价类测试。

输入 3 个整数 a、b 和 c 分别作为三角形的三条边,要求 a、b 和 c 必须满足以下条件:

Con1. $1 \leqslant a \leqslant 10$	Con 2. $1 \leqslant b \leqslant 100$
Con 3. $1 \leqslant c \leqslant 100$	Con 4. $a < b + c$
Con 5. $b < a + c$	Con 6. $c < a + b$
Con 7. $a^2 + b^2 = c^2$	Con 8. $a^2 + c^2 = b^2$
Con 9. $b^2 + c^2 = a^2$	

如果 a、b 和 c 满足 Con1、Con2 和 Con3,则输出为如下 5 种情况之一:

① 如果不满足条件 Con 4、Con 5 和 Con 6 中的一个,则程序输出为"非三角形"。

② 如果三条边相等,则程序输出为"等边三角形"。

③ 如果恰好有两条边相等,则程序输出为"等腰三角形"。

④ 如果三条边都不相等,则程序输出为"一般三角形"。

⑤ 如果满足条件 Con 7、Con 8 和 Con 9 中的一个,则程序输出为"直角三角形"。

解:

① 设计思路分析:首先将问题中的几种情况分类,分为"可组成三角形""非三角形"和"输入有误"。"可组成三角形"又分为"等边三角形""等腰三角形""一般三角形";其中,"等腰三角形""一般三角形"可分为"一般等腰三角形""直角三角形"。"输入有误"可分为"输入不足三条边""输入不是整数""输入超出 100""输入为负数""输入为 0"。

每种情况做出独立的判断,就可以实现题目的要求。

② 建立三角形问题的等价类如表 4.2 所示。

表 4.2　三角形问题的等价类

	有效等价类	编号	有效等价类	编号
输入 3 个整数	整数	1	一边为非整数	4
			两边为非整数	5
			三边均为非整数	6
	3 个数	2	只有一条边	7
			只有两条边	8
			只有三条边	9
	$1 \leqslant a \leqslant 100$ $1 \leqslant b \leqslant 100$ $1 \leqslant c \leqslant 100$	3	一边为 0	10
			两边为 0	11
			三边为 0	12
			一边 <0	13
			两边 <0	14
			三边 <0	15
			一边 >0	16
			两边 >0	17
			三边 >0	18

③ 设计三角形问题的等价类测试用例如表 4.3 所示。

表 4.3 三角形问题的等价类测试用例

测试用例	输入 a、b、c	期望输出	覆盖等价类	实际输出
Test1	2、2、2	"等边三角形"	1	
Test2	2、2、3	"等腰三角形"	1	
Test3	4、5、6	"一般三角形"	1	
Test4	3、4、5	"直角三角形"	1	
Test5	1、3、5	"非三角形"	1	
Test6	2、2、2$\sqrt{2}$	"等腰直角三角形"	4	
Test7	1.5、4、5	"请输入1~100之间的整数"	4	
Test8	3.5、2.5、5	"请输入1~100之间的整数"	5	
Test9	2.5、4.5、5.5	"请输入1~100之间的整数"	6	
Test10	3	"请输入三条边长"	7	
Test11	4、5	"请输入三条边长"	8	
Test12	2、3、4、5	"请输入三条边长"	9	
Test13	3、0、8	"边长不能为0"	10	
Test14	0、6、0	"边长不能为0"	11	
Test15	0、0、0	"边长不能为0"	12	
Test16	−3、4、6	"边长不能为负"	13	
Test17	2、−7、−5	"边长不能为负"	14	
Test18	−3、−5、−7	"边长不能为负"	15	
Test19	101、4、8	"请输入1~100之间的整数"	16	
Test20	3、101、101	"请输入1~100之间的整数"	17	
Test21	101、101、101	"请输入1~100之间的整数"	18	

④ 从被测程序的输出域定义等价类,三角形问题的 5 个等价类测试用例如表 4.4 所示。

表 4.4 三角形问题测试用例

测试用例	a	b	c	预期输出	实际输出
Test1	3	4	5	直角三角形	
Test2	5	5	5	等边三角形	
Test3	2	2	3	等腰三角形	
Test4	3	4	5	一般三角形	
Test5	4	1	2	非三角形	

2. 边界值分析

使用边界值分析方法设计测试用例时一般与等价类划分结合起来。但它不是从一个等价类中任选一个例子作为代表,而是将测试边界情况作为重点目标,选取正好等于、刚刚大于或刚刚小于边界值的测试数据。

边界值分析是通过选择等价类边界的测试用例。边界值分析法不仅重视输入条件边界，而且也必须考虑输出域边界。它是对等价类划分方法的补充。

长期的测试工作经验告诉我们，大量的错误是发生在输入或输出范围的边界上，而不是发生在输入输出范围的内部。因此针对各种边界情况设计测试用例，可以查出更多的错误。

使用边界值分析方法设计测试用例，首先应确定边界情况。通常输入和输出等价类的边界，就是应着重测试的边界情况。应当选取正好等于，刚刚大于或刚刚小于边界的值作为测试数据，而不是选取等价类中的典型值或任意值作为测试数据。

3. 错误推测

错误推测法是基于经验和直觉推测程序中所有可能存在的各种错误，从而有针对性地设计测试用例的方法。

错误推测方法的基本思想：列举出程序中所有可能有的错误和容易发生错误的特殊情况，根据它们选择测试用例。例如，在单元测试时曾列出的许多在模块中常见的错误。以前产品测试中曾经发现的错误等，这些就是经验的总结。还有，输入数据和输出数据为0的情况，输入表格为空格或输入表格只有一行，这些都是容易发生错误的情况。可选择这些情况下的例子作为测试用例。

4. 因果图

前面介绍的等价类划分方法和边界值分析方法，都是着重考虑输入条件，但未考虑输入条件之间的联系和相互组合等。考虑输入条件之间的相互组合可能会产生一些新的情况，但要检查输入条件的组合不是一件容易的事情，即使把所有输入条件划分成等价类，它们之间的组合情况也相当多，因此必须考虑采用一种适合于描述对于多种条件的组合，相应产生多个动作的形式来考虑设计测试用例，这就需要利用因果图（逻辑模型）。

因果图方法最终生成的就是判定表。它适合于检查程序输入条件的各种组合情况。

5. 判定表法

前面因果图方法中已经用到了判定表。判定表（Decision Table）是分析和表达多逻辑条件下执行不同操作的情况下的工具，在程序设计发展的初期，判定表就已被当作编写程序的辅助工具了，由于它可以把复杂的逻辑关系和多种条件组合的情况表达得既具体又明确。

判定表中元素如下。

条件桩（Condition Stub）：列出了问题的所有条件，通常认为列出的条件的次序无关紧要。

动作桩（Action Stub）：列出了问题规定可能采取的操作，这些操作的排列顺序没有约束。

条件项（Condition Entry）：列出针对它左列条件的取值，在所有可能情况下的真假值。

动作项（Action Entry）：列出在条件项的各种取值情况下应该采取的动作。

规则：任何一个条件组合的特定取值及其相应要执行的操作，在判定表中贯穿条件项和动作项的一列就是一条规则。显然，判定表中列出多少组条件取值，也就有多少条规则，即条件项和动作项有多少列。

判定表的建立步骤：

① 确定规则的个数。假如有 n 个条件，每个条件有两个取值（0，1），则有 $2n$ 种规则。

② 列出所有的条件桩和动作桩。

③ 填入条件项。

④ 填入动作项,等到初始判定表。

⑤ 简化。合并相似规则(相同动作)。

B. Beizer 指出了适合使用判定表设计测试用例的条件:

① 规格说明以判定表形式给出或很容易转换成判定表。

② 条件的排列顺序不会也不影响执行哪些操作。

③ 规则的排列顺序不会也不影响执行哪些操作。

④ 每当某一规则的条件已经满足,并确定要执行的操作后,不必检验别的规则。

如果某一规则得到满足要执行多个操作,这些操作的执行顺序无关紧要。

6. 场景法

软件几乎都是用事件触发来控制流程的,事件触发的情景便形成了场景,而同一事件不同的触发顺序和处理结果就形成事件流。这种在软件设计方面的思想也可以引入到软件测试中,可以比较生动地描绘出事件触发时的情景,有利于测试设计者设计测试用例,同时使测试用例更容易理解和执行。

例如:申请一个项目,需先提交审批单据,再由部门经理审批,审核通过后由总经理来最终审批,如果部门经理审核不通过,就直接退回。同一事件不同的触发顺序和处理结果形成事件流,每个事件流触发时的情景便形成了场景。通过运用场景来对系统的功能点或业务流程的描述,可以提高测试效果。

在测试一个软件的时候,在场景法中,测试流程是软件功能按照正确的事件流实现的一条正确流程,那么把这个称为该软件的基本流;而凡是出现故障或缺陷的过程,就用备选流加以标注,这样的话,备选流就可以是从基本流来的,或是由备选流中引出的。所以在进行图示的时候,就会发现每个事件流的颜色是不同的。

场景法的基本设计步骤如下:

步骤一、根据说明,描述程序的基本流及各项备选流;

步骤二、根据基本流和各项备选流生成不同的场景;

步骤三、对每一个场景生成相应的测试用例;

步骤四、对生成的所有测试用例重新复审,去掉多余的测试用例,测试用例确定后,对每一个测试用例确定测试数据值。

场景法测试用例设计可参见本书附录 C。

4.6 测试执行阶段

4.6.1 单元测试

单元测试,是指对软件中的最小可测试单元进行检查和验证。对于单元测试中单元的含义,一般来说,要根据实际情况去判定其具体含义,如 C 语言中单元指一个函数,Java 里单元指一个类,图形化的软件中可以指一个窗口或一个菜单等。总的来说,单元就是人为规定的最小的被测功能模块。单元测试是在软件开发过程中要进行的最低级别的测试活动,软件的独立单元将在与程序的其他部分相隔离的情况下进行测试。

在一种传统的结构化编程语言中,比如 C,要进行测试的单元一般是函数或子过程。在像 C++这样的面向对象的语言中,要进行测试的基本单元是类。对 Ada 语言来说,开发人员可以选择是在独立的过程和函数,还是在 Ada 包的级别上进行单元测试。单元测试的原则同样被扩展到第四代语言(4GL)的开发中,在这里基本单元被典型地划分为一个菜单或显示界面。

经常与单元测试联系起来的另外一些开发活动包括代码走读(Code Review)、静态分析(Static Analysis)和动态分析(Dynamic Analysis)。静态分析就是对软件的源代码进行研读,查找错误或收集一些度量数据,并不需要对代码进行编译和执行。动态分析就是通过观察软件运行时的动作,来提供执行跟踪,时间分析,以及测试覆盖度方面的信息。

4.6.2 集成测试

集成测试是在单元测试的基础上,测试在将所有的软件单元按照概要设计规格说明的要求组装成模块、子系统或系统的过程中各部分工作是否达到或实现相应技术指标及要求的活动。也就是说,在集成测试之前,单元测试应该已经完成,集成测试中所使用的对象应该是已经经过单元测试的软件单元。这一点很重要,因为如果不经过单元测试,那么集成测试的效果将会受到很大影响,并且会大幅增加软件单元代码纠错的代价。

所有的软件项目都不能摆脱系统集成这个阶段。不管采用什么开发模式,具体的开发工作总得从一个一个的软件单元做起,软件单元只有经过集成才能形成一个有机的整体。具体的集成过程可能是显性的也可能是隐性的。只要有集成,总是会出现一些常见问题,工程实践中几乎不存在软件单元组装过程中不出任何问题的情况。集成测试需要花费的时间远远超过单元测试,直接从单元测试过渡到系统测试是极不妥当的做法。

下面介绍集成测试常用策略。

集成测试的实施策略有很多种,如自底向上集成测试、自顶向下集成测试、核心集成测试、高频集成测试等。

1. 自顶向下测试

自顶向下集成方式是一个递增的组装软件结构的方法。从主控模块(主程序)开始沿控制层向下移动,把模块一一组合起来。分两种方法:

方法一、先深度。按照结构,用一条主控制路径将所有模块组合起来。

方法二、先宽度。逐层组合所有下属模块,在每一层水平地沿着移动。

组装过程分以下五个步骤:

步骤一、用主控模块作为测试驱动程序,其直接下属模块用承接模块来代替。

步骤二、根据所选择的集成测试法(先深度或先宽度),每次用实际模块代替下属的承接模块。

步骤三、在组合每个实际模块时都要进行测试。

步骤四、完成一组测试后再用一个实际模块代替另一个承接模块。

步骤五、可以进行回归测试(即重新再做所有的或者部分已做过的测试),以保证不引入新的错误。

2. 自底向上测试

自底向上的集成方式是最常使用的方法。其他集成方法都或多或少地继承、吸收了这种集成方式的思想。自底向上集成方式从程序模块结构中最底层的模块开始组装和测试。因为模块是自底向上进行组装的，对于一个给定层次的模块，它的子模块（包括子模块的所有下属模块）事前已经完成组装并经过测试，所以不再需要编制桩模块（一种能模拟真实模块，给待测模块提供调用接口或数据的测试用软件模块）。自底向上集成测试的步骤大致如下：

步骤一、按照概要设计规格说明，明确有哪些被测模块。在熟悉被测模块性质的基础上对被测模块进行分层，在同一层次上的测试可以并行进行，然后排出测试活动的先后关系，制订测试进度计划。利用图论的相关知识，可以排出各活动之间的时间序列关系，处于同一层次的测试活动可以同时进行，而不会相互影响。

步骤二、在步骤一的基础上，按时间顺序关系，将软件单元集成为模块，并测试在集成过程中出现的问题。这里，可能需要测试人员开发一些驱动模块来驱动集成活动中形成的被测模块。对于比较大的模块，可以先将其中的某几个软件单元集成为子模块，然后再集成为一个较大的模块。

步骤三、将各软件模块集成为子系统（或分系统）。检测各自子系统是否能正常工作。同样，可能需要测试人员开发少量的驱动模块来驱动被测子系统。

步骤四、将各子系统集成为最终用户系统，测试是否存在各分系统能否在最终用户系统中正常工作。

方案点评：自底向上的集成测试方案是工程实践中最常用的测试方法。相关技术也较为成熟。它的优点很明显：管理方便、测试人员能较好地锁定软件故障所在位置。但它对于某些开发模式不适用，如使用 XP 开发方法，它会要求测试人员在全部软件单元实现之前完成核心软件部件的集成测试。尽管如此，自底向上的集成测试方法仍不失为一个可供参考的集成测试方案。

3. 核心系统测试

核心系统先行集成测试法的思想是先对核心软件部件进行集成测试，在测试通过的基础上再按各外围软件部件的重要程度逐个集成到核心系统中。每次加入一个外围软件部件都产生一个产品基线，直至最后形成稳定的软件产品。核心系统先行集成测试法对应的集成过程是一个逐渐趋于闭合的螺旋形曲线，代表产品逐步定型的过程。其步骤如下：

步骤一、对核心系统中的每个模块进行单独的、充分的测试，必要时使用驱动模块和桩模块。

步骤二、对于核心系统中的所有模块一次性集合到被测系统中，解决集成中出现的各类问题。在核心系统规模相对较大的情况下，也可以按照自底向上的步骤，集成核心系统的各组成模块。

步骤三、按照各外围软件部件的重要程度以及模块间的相互制约关系，拟定外围软件部件集成到核心系统中的顺序方案。方案经评审以后，即可进行外围软件部件的集成。

步骤四、在外围软件部件添加到核心系统以前，外围软件部件应先完成内部的模块级集成测试。

步骤五、按顺序不断加入外围软件部件，排除外围软件部件集成中出现的问题，形成最终的用户系统。

方案点评：该集成测试方法对于快速软件开发很有效果，适合较复杂系统的集成测试，能保证一些重要的功能和服务的实现。缺点是采用此法的系统一般应能明确区分核心软件部件和外围软件部件，核心软件部件应具有较高的耦合度，外围软件部件内部也应具有较高的耦合度，但各外围软件部件之间应具有较低的耦合度。

以上我们介绍了几种常见的集成测试方案，一般来讲，在现代复杂软件项目集成测试过程中，通常采用核心系统先行集成测试和高频集成测试相结合的方式进行，自底向上的集成测试方案在采用传统瀑布式开发模式的软件项目集成过程中较为常见。读者应该结合项目的实际工程环境及各测试方案适用的范围进行合理的选型。

关于集成测试策略的案例可参见本书5.6节系统集成测试计划书内容。

4.6.3 确认测试

确认测试的目的是向未来的用户表明系统能够像预定要求那样工作。经集成测试后，已经按照设计把所有的模块组装成一个完整的软件系统，接口错误也已经基本排除了，接着就应该进一步验证软件的有效性，这就是确认测试的任务，即软件的功能和性能如同用户所合理期待的那样。

确认测试又称有效性测试。有效性测试是在模拟的环境下，运用黑盒测试的方法，验证被测软件是否满足需求规格说明书列出的需求。任务是验证软件的功能和性能及其他特性是否与用户的要求一致。对软件的功能和性能要求在软件需求规格说明书中已经明确规定，它包含的信息就是软件确认测试的基础。

确认测试测试内容：安装测试，功能测试，可靠性测试，安全性测试，时间及空间性能测试，易用性测试，可移植性测试，可维护性测试，文档测试。

4.6.4 系统测试

系统测试，是将已经确认的软件、计算机硬件、外设、网络等其他元素结合在一起，进行信息系统的各种组装测试和确认测试，系统测试是针对整个产品系统进行的测试，目的是验证系统是否满足了需求规格的定义，找出与需求规格不符或与之矛盾的地方，从而提出更加完善的方案。系统测试发现问题之后要经过调试找出错误原因和位置，然后进行改正。是基于系统整体需求说明书的黑盒类测试，应覆盖系统所有联合的部件。对象不仅仅包括需测试的软件，还要包含软件所依赖的硬件、外设甚至包括某些数据、某些支持软件及其接口等。

系统测试步骤如下。

1. 系统测试计划

系统测试小组各成员共同协商测试计划。测试组长按照指定的模板起草《系统测试计划》。该计划主要包括：

- 测试范围（内容）；
- 测试方法；
- 测试环境与辅助工具；

- 测试完成准则；
- 人员与任务表。

项目经理审批《系统测试计划》。该计划被批准后,转向步骤2。

2. 设计系统测试用例
- 系统测试小组各成员依据《系统测试计划》和指定的模板,设计(撰写)《系统测试用例》。
- 测试组长邀请开发人员和同行专家,对《系统测试用例》进行技术评审。该测试用例通过技术评审后,转向步骤3。

3. 执行系统测试
- 系统测试小组各成员依据《系统测试计划》和《系统测试用例》执行系统测试。
- 将测试结果记录在《系统测试报告》中,用"缺陷管理工具"来管理所发现的缺陷,并及时通报给开发人员。

4. 管理与改错
- 从步骤1到步骤3,任何人发现软件系统中的缺陷时都必须使用指定的"缺陷管理工具"。该工具将记录所有缺陷的状态信息,并可以自动产生《缺陷管理报告》。
- 开发人员及时消除已经发现的缺陷。
- 开发人员消除缺陷之后应当马上进行回归测试,以确保不会引入新的缺陷。

4.6.5 验收测试

验收测试是部署软件之前的最后一个测试操作。在软件产品完成了单元测试、集成测试和系统测试之后,产品发布之前所进行的软件测试活动。它是技术测试的最后一个阶段,也称为交付测试。验收测试的目的是确保软件准备就绪,并且可以让最终用户将其用于执行软件的既定功能和任务。

验收测试是向未来的用户表明系统能够像预定要求那样工作。经集成测试后,已经按照设计把所有的模块组装成一个完整的软件系统,接口错误也已经基本排除了,接着就应该进一步验证软件的有效性,这就是验收测试的任务,即软件的功能和性能如同用户所合理期待的那样。

验收测试,系统开发生命周期方法论的一个阶段,这时相关的用户和独立测试人员根据测试计划和结果对系统进行测试和接收。它让系统用户决定是否接收系统。它是一项确定产品是否能够满足合同或用户所规定需求的测试。这是管理性和防御性控制。

在工程及其他相关领域中,验收测试是指确认一系统是否符合设计规格或契约之需求内容的测试,可能会包括化学测试、物理测试或是性能测试。在系统工程中验收测试可能包括在系统(例如,一套软件系统、许多机械零件或是一批化学制品)交付前的黑箱测试。软件开发者常会将系统开发者进行的验收测试和客户在接受产品前进行的验收测试分开。后者一般会称为使用者验收测试、终端客户测试、实机(验收)测试、现场(验收)测试。在进行主要测试程序之前,常用冒烟测试作为此阶段的验收测试。

验收测试案例可参见本书5.7节系统验收测试计划书内容。

表4.5 测试阶段和用例关系

测试阶段	测试类型	执行人员
单元测试	模块功能测试,包含部分接口测试、路径测试	开发人员
集成测试	接口测试、路径测试,含部分功能测试	开发人员,如果测试人员水平较高可以由测试人员执行
系统测试	功能测试、健壮性测试、性能测试、用户界面测试、安全性测试、压力测试、可靠性测试、安装/反安装测试	测试人员
验收测试	对于实际项目基本同上,并包含文档测试;对于软件产品主要测试相关技术文档	测试人员,可能包含用户

表4.6 测试在软件开发各个阶段的任务

阶段	输 出
需求分析审查	需求定义中问题列表,批准的需求分析文档,测试计划书的起草
设计审查	设计问题列表、各类设计文档、测试计划和测试用例
单元测试	缺陷报告、跟踪报告;完善的测试用例、测试计划
集成测试	缺陷报告、跟踪报告;完善的测试用例、测试计划;集成测试分析报告;集成后的系统
功能验证	缺陷报告、代码完成状态报告、功能验证测试报告
系统测试	缺陷报告、系统性能分析报告、缺陷状态报告、阶段性测试报告
验收测试	用户验收报告、缺陷报告审查、版本审查、最终测试报告
版本发布	当前版本已知问题的清单、版本发布报告
维护	缺陷报告、更改跟踪报告、测试报告

表4.7 各测试阶段输入输出的标准

阶段	输入	要求	输出
需求分析审查（Requirements Review）	市场与产品需求定义、分析文档和相关技术文档	需求定义要准确、完整和一致,真正理解客户的需求	需求定义中问题列表、批准的需求分析文档;测试计划书的起草
设计审查（Design Review）	产品规格设计说明、系统架构和技术设计文档、测试计划和测试用例	系统结构的合理性、处理过程的正确性、数据库的规范性、模块的独立性等	设计问题列表、批准的各类设计文档、系统和功能的测试计划和测试用例;测试环境的准备
单元测试（Unit Testing）	源程序、编程规范、产品的规格设计说明书和详细的程序设计文档	遵守规范、模块的高内聚性、功能实现的一致性和正确性	缺陷报告、跟踪报告;完善的测试用例、测试计划;对系统的功能及其实现等了解清楚

阶段	输入	要求	输出
集成测试 (Integration Testing)	通过单元测试的模块或组件、编程规范、集成测试规格说明和程序设计文档、系统设计文档	接口定义清楚且正确、模块或组件一起工作正常、能集成为完整的系统	缺陷报告、跟踪报告;完善的测试用例、测试计划;集成测试分析报告;集成后的系统
功能验证 (Functionality Testing)	代码软件包(含文档),功能详细设计说明书;测试计划和用例	模块集成功能的正确性、适用性	缺陷报告、代码完成状态报告、功能验证测试报告
系统测试 (System Testing)	修改后的软件包、测试环境、系统测试用例和测试计划	系统能正常地、有效地运行,包括性能、可靠性、安全性、兼容性等	缺陷报告、系统性能分析报告、缺陷状态报告、阶段性测试报告
验收测试 (Acceptance Testing)	产品规格设计说明、预发布的软件包、确认测试用例	向用户表明系统能够按照预定要求那样工作,使系统最终可以正式发布或向用户提供服务。用户要参与验收测试,包括 α 测试(内部用户测试)、β 测试(外部用户测试)	用户验收报告、缺陷报告审查、版本审查、最终测试报告
版本发布 (Release)	软件发布包、软件发布检查表(清单)		当前版本已知问题的清单、版本发布报告
维护 (Maintance)	变更的需求、修改的软件包、测试用例和计划	新的或增强的功能正常、原有的功能正常,不能出现回归缺陷	缺陷报告、更改跟踪报告、测试报告

第5章 结构化开发案例——书务管理系统

结构化开发包括结构化分析(SA)、结构化设计(SD)和结构化程序设计(SP)等过程。本章将"书务管理系统"为例描述结构化开发过程中软件生存周期各个不同的阶段,以阶段性报告的方式展现了系统可行性分析、系统需求分析、系统设计、系统测试等详细开发流程。

5.1 案例介绍

随着计算机的发展及网络技术的应用,越来越多的以往依靠人类手工完成的工作被计算机替代。日常管理工作也从以前烦琐的事务中解放出来,从而提高了工作效率。随着市场上书籍的种类和数量的增多,更新的速度越来越快,目前较大的书店都有一整套比较完整的信息管理系统,而在一般小型的书店中大部分工作还是进行着手工管理,工作效率很低。传统手工销售和人工管理模式弊端初现:图书采购、库存、销售和核算的手工信息管理存在工作量大,服务质量差,工作效率低,耗费人员多,图书的市场、库存、销售、读者反馈信息不能及时获取等问题。同时,由于不可避免的人为因素,造成数据的遗漏、误报等。

为了更好地适应当前书店的业务需求,缓解手工管理存在的弊端,同时向读者提供更优质的书店服务,需要开发一个完整的信息系统将图书采购和销售管理链接起来,完成图书的进/出货管理、库存管理、销售管理、会员管理等一系列详尽、全面的控制和管理。另外系统需要提供各种分析报表为管理者的决策提供依据,从而实现降低库存和减少资金占用,避免图书积压或短缺,保证图书经营的正常进行。

本章的结构化开发案例"书务管理系统"就是在此基础上提出来的,案例完整地展示了"书务管理系统"从可行性分析到详细设计的整个流程。

5.2 系统可行性分析报告

可行性分析是指在软件项目计划阶段,用最小的代价在尽可能短的时间内容研究并确定客户提出的问题是否有行得通的解决办法。本节将对照第2章第2.3节研究"书务管理系统"项目的解决方案可行性以论证实现本项目的可能性和一些前期的准备工作及工作条件,为工程的下一步设计做铺垫。

5.2.1 引言

1. 编写目的

可行性研究报告的目的是通过对本系统的可行性的探讨,论证实现本项目的可能性和一些前期的准备工作及工作条件,为工程的下一步设计做铺垫。本报告是对该系统的可行性研究的综合报告。

2．项目背景

随着计算机技术的发展，越来越多的以往依靠人类手工完成的工作可以让计算机来替代，从而大大地提高工作的效率。过去书店的管理模式大多以手工为主，图书采购后的入库，图书的销售，图书的查询大多停留在纸质手工的层面上。这种模式存在着效率低下，人工成本巨大，数据容易遗失等缺点。现代社会中，一些比较大型的连锁书店及规模大，实力雄厚的书店已经开始使用自己的专用的书店信息管理系统，而很多小型的书店由于开发成本原因至今还没有使用。

随着市场上书籍的种类和数量的增多，更新的速度越来越快，小型书店对图书信息的处理量增加迅速，所需要处理的数据也随之增多。传统手工销售和人工管理模式弊端初现：图书采购、库存、销售和核算的手工信息管理存在工作量大，服务质量差，工作效率低，耗费人员多，图书的市场、库存、销售、读者反馈信息不能及时获取等问题。开发适合中小型书店的信息管理系统势在必行。

3．参考资料

- 《软件工程实用教程（第 2 版）》，陶华亭主编，清华大学出版社。
- 《软件工程实验》，狄国强、杨小平、杜宾编著，清华大学出版社。
- 《信息系统分析与设计》，卫红春编著，西安电子科技大学出版社。

5.2.2　可行性研究的前提

1．要求

（1）功能：

① 为书店读者提供一个良好的信息搜索工具。

② 实现书店业务自动化管理——图书的进/出货管理，库存管理，销售管理，会员管理，图书及用户信息管理和统计等一系列功能。

③ 减轻书店工作人员的工作量，提高效率。减少工作人员的工作出错概率，提高书店服务质量。减少在图书入库、销售统计环节以往以人工方式的烦琐，便于库存进货等决策。

（2）性能：会员信息和购书信息必须准确地反映在书店的工作平台上。顾客和售书员的操作信息必须及时存储在书店的服务器上，对服务器上的数据必须进行及时正确的刷新。由于系统需要长时间的使用，对系统可靠性具有一定的要求，尽量减少故障的发生，以及对数据的及时备份。当外部环境发生改变时，系统也需要一定的快速适应能力。

（3）系统输入要求：数据完整，翔实，合规定。

（4）系统输出要求：简捷，准确，实时。

（5）安全与保密要求：通过权限的设置对不同的用户提供不同的数据，以保证数据的安全性和保密要求。对断电、死机、系统崩溃等问题有有力措施以保障数据不受损失。

（6）与软件相关的其他要求：本系统采用 C/S 结构，以 VS2010 为开发平台，采用 C# 语言，采用 SQL Server 2012 作为数据库管理系统。

2．目标

系统实现后，大大提高中小型书店的工作效率。降低管理人员服务中的错误发生率，减少信息交流的烦琐过程及其带来的开销，并可利用统计数据为书店提供简单的决策支持。极大地方便顾客对书店的需求，减少顾客所花费的不必要时间。

3．条件、假定和限制

- 建议软件寿命：8 年。

- 经费来源:南京××书店。
- 硬件条件:服务器 sun 工作站,终端为 pc。
- 运行环境:Windows NT。
- 数据库:SQL Server 2012。
- 投入运行最迟时间:2015 年 9 月 1 日

4. 可行性研究方法

这项可行性研究是基于两方面的。一是基于对现有半手工操作的不便而采用的系统开发意图。二是基于其他书店管理机构已做过类似项目,可以从中吸取相应的经验教训,此外,这项研究还立足于满足顾客和书店工作人员需求,做了大量的调查。

5. 评价策略

- 利用有限的项目开发经费,力求开发性价比最高的软件。
- 用户满意度,努力提高用户满意度。
- 项目开发周期,力求在最短的时间内完成项目。

5.2.3 对现有系统的分析

1. 处理流程和数据流程

南京××书店的图书业务还停留在半自动基础上,计算机处理小部分数据,大部分数据依靠人工处理,用传统的笔纸记录和统计图书的进货情况、存货情况、供应商及销售情况、无会员折扣和积分功能。销售时用条码识别器识别图书并计算当前金额,打印小票。

销售流程如图 5.1 所示。

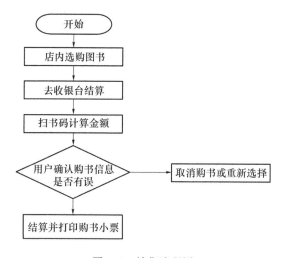

图 5.1　销售流程图

2. 工作负荷

现有系统所承担的工作只能实现简单的销售管理功能,已无法适应目前会员管理、采购管理、库存管理统一管理的需求。

5.2.4 所建议系统技术可行性分析

1. 对系统的简要描述

为了提升书店的工作效率和管理水平,书店计划投入一定资金建立书店信息管理系统,以全面管理图书业务。书店领导以及工作人员对所建立的信息系统有以下基本需求：

  ① 建立对书店业务提供全面管理的书店信息系统；

  ② 对所有图书、一般读者、工作人员提供全面管理；

  ③ 对市场、进货、出版社、图书商提供全面管理；

  ④ 对书库的入库、出库、盘点、报损等业务提供全面管理；

  ⑤ 对图书销售、结算、安全提供全面管理。

  2．处理流程和数据流程

  (1) 功能模块

  根据客户对系统的初步要求，为满足书店日常业务管理需求，实现图书的进/出货管理、库存管理、销售管理、会员管理、图书及用户信息管理和统计等一系列功能。系统拟划分的功能模块如图 5.2 所示。

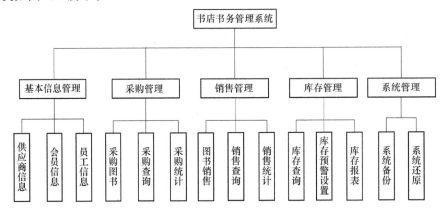

图 5.2 系统功能模块

  (2) 系统流程图

  系统涉及的核心业务主要有：采购业务、库存业务、销售业务，下面将对这些业务的业务流程进行分析。

  采购业务系统流程：根据采购计划，采购新书入库。系统根据新书书目采购到货情况，将采购信息录入到数据库系统中，生成采购记录并打印采购报告。采购业务系统流程如图 5.3 所示。

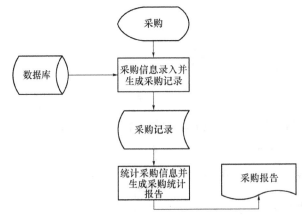

图 5.3 采购业务系统流程图

库存业务系统流程:库存业务涉及库存的入/出库管理、库存预警设置、库存查询。图书出库和入库都会引起库存量的变化,需要修改库存量,在办理出库时,若发现某种物资缺货或低于安全储备量,需要生成缺货记录,对于缺货记录信息定期报告。库存业务系统流程如图5.4所示。

销售业务系统流程:图书销售时客户将选购的图书送到销售前台,系统辅助售书员完成图书识别、结算,并生成售书记录、打印售书单。销售会引起图书出库,需要修改库存量,在办理售书时,系统生成售书记录,并打印售书单。销售业务系统流程如图5.5所示。

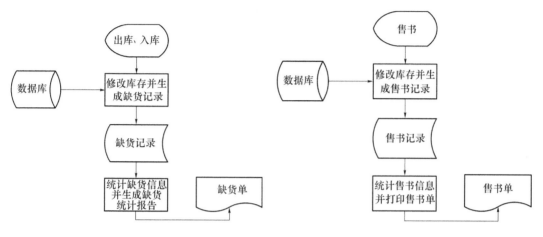

图 5.4 库存业务系统流程图 　　　　　　　图 5.5 销售业务系统流程

(3) 数据流程图

书店设有销售、采购等业务部门。门店每天需要处理大量的图书销售业务,当缺货或是新书采购时需要向相应供应商采购。书店业务系统数据流程 TOP 图如图5.6所示。

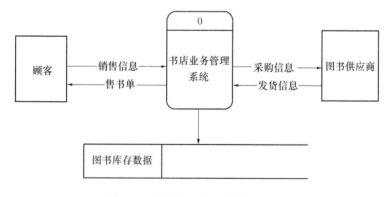

图 5.6 书店业务管理系统 TOP 图

书店业务管理系统又可以划分为采购子业务系统、库存子业务系统、销售子业务系统。

采购业务由书目采购系统完成,其接收库存系统发来的库存缺货报告。采购系统根据缺货报告进行定书处理,并向图书供应商发送采购需求信息,并生成系统采购数据记录。采购业务的 TOP 及第一层数据流程如图5.7和图5.8所示。

库存业务由库存业务系统完成,库存业务负责图书的出/入库处理、根据储备定额统计缺货情况,并生成缺货报告为采购部门的采购提供依据,库存业务的 TOP 及第一层数据流程如图5.9和图5.10所示。

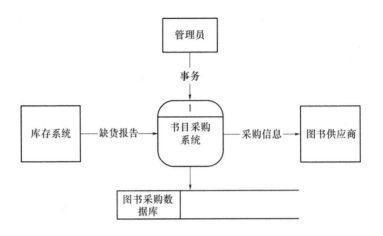

图 5.7 采购业务数据流图 TOP

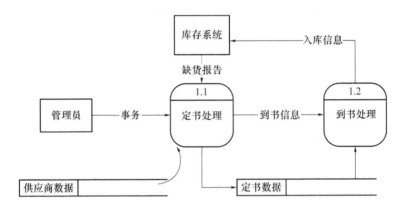

图 5.8 采购系统第一层数据流图

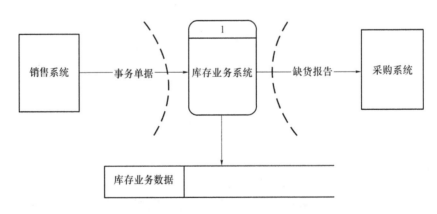

图 5.9 库存业务数据流图 TOP

销售业务是整个书店业务的核心,顾客提供购书信息,销售业务系统对购书信息进行审核,根据实际情况进行售书处理,并打印售书清单。销售业务的 TOP 及第一层数据流程如图 5.11 和图 5.12 所示。

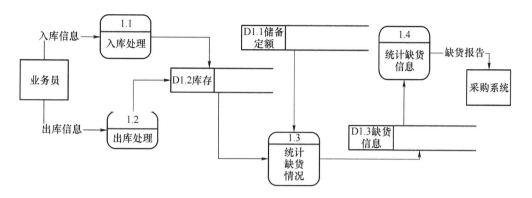

图 5.10 库存业务第一层数据流图

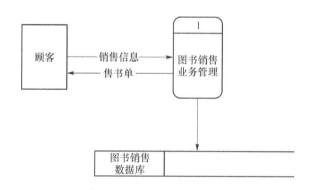

图 5.11 销售业务流程 TOP1

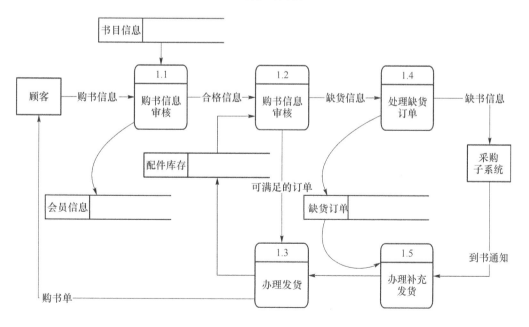

图 5.12 销售子系统第一层数据流图

3. 与现有系统比较的优越性

图书采购、库存、销售和核算、会员信息等书店业务进行统一管理,解决工作量大,服务质量差,工作效率低,耗费人员多,图书的市场、库存、销售、读者反馈等信息不能及时提供等问题。

① 建立对书店业务提供全面管理的书店信息系统;

② 对所有图书、一般读者、工作人员提供全面管理;

③ 对市场、进货、出版社、图书商提供全面管理;

④ 对书库的入库、出库等业务提供全面管理;

⑤ 对图书销售、结算、安全提供全面管理。

4. 采用建议系统可能带来的影响

本系统的开发能够提高工作效率、扩大服务范围、增加书店收入、及时获取信息、减少决策失误、减少库存积压、提高资金周转。该系统还能够及时提供图书市场信息、出版商信息、库存信息、销售信息、读者反馈信息,提高决策正确率。

5. 技术可行性评价

(1) 信息系统开发方法:在开发小组中有熟练掌握面向对象方法开发软件系统的资深的系统分析员和程序员。在信息系统开发方法上不存在任何问题。

(2) 网络和通信技术:本开发小组有专门的网络技术人员,有 3 年的大型网络组网经验。

(3) C/S 结构规划和设计技术:开发小组有丰富的 C/S 开发经验,有多个 C/S 架构系统的开发经验。

(4) 数据库技术:开发小组有丰富的应用数据库开发经验。

(5). net 开发技术:开发小组能够熟练使用. net 编程。

综上,本系统开发技术是完全可行的。

5.2.5 成本效益分析

1. 成本估算

(1) 系统开发费用

① 人员费用。本系统开发期 16 周,试运行期 12 周。开发期需要开发人员 4 人,试运行期需开发人员 1 人。开发需 92 周,折合 3 人/年(每年有效工作周按 31 周计算),每人/年按 8 万元人民币计算,人员费用为 24 万元人民币。

② 硬件设备费。系统所需的硬件设备费用为 7.26 万元人民币,其中:

- 服务器 1 台   20 000 元
- 微机 6 台   24 000 元
- 打印机 6 台   9 000 元
- 条形码扫描仪 7 台   8 000 元
- 网络设备和布线   8 000 元
- 不间断电源 1 台   2 000 元
- 工作台 8 台   1 600 元

③ 软件费。系统所需购买软件费用为 1.6 万元人民币,其中:

- Windows NT   5 000 元
- SQL Server   6 000 元

- C＃环境　　　　　　　　　5 000 元
④ 耗材费：0.8 万元人民币。
⑤ 咨询和评审费：1.2 万元人民币。

（2）系统运行费用

假定本系统的运行期为 8 年，每年的运行费用如下。

① 系统维护费：一年需要 0.5 人/年，维护费为 $0.5 \times 8 = 4$ 万元。

② 设备维护费：设备的运行更新期 8 年，设备更新费为 0 元。

设备日常故障维护费每年 0.6 万元。则平均每年设备维护费为 0.6 万元。

③ 消耗材料费：每年消耗材料费按 0.8 万计算。

系统年运行费用 5.4 万元。8 年累计系统运行费为 43.2 万元。

系统开发和运行总费用：$43.2 + 34.86 = 78.06$ 万元。折合 9.76 万元/年。

2. 收益分析

① 提高工作效率，减少工作人员

本系统累计可以综合提高工作效率达 30％。可以减少现有 20％ 的工作人员，书店现有人员按 10 人计算，可减少 2 人。每人月平均工资按 4 000 元计算，节约人员工资 $0.4 \times 12 \times 2 = 9.6$ 万元/年。

② 扩大服务范围，增加书店收入

假定在原有基础上可以增加 10％ 的销售量。书店每年的总利润按 50 万元计算，可以增加收入 5 万元。

③ 及时获取信息，减少决策失误

本系统的建设可以及时获取图书市场信息，读者反馈信息，畅销滞销图书的信息。提高订书的合理性和准确率。估计每年可以增加收入在 12 万元以上。

④ 减少库存积压，提高资金周转

通过书库的计算机管理，可以及时获取库存信息，争取最优库存，提高资金的周转率。每年可以因此减少库存积压浪费 18 万元以上。

通过以上计算，本系统每年可以获得经济效益：

$$9.6 + 5 + 12 + 18 = 54.6 \text{ 万元/年}$$

累计 8 年获经济效益 436.8 万元，减去开发和维护成本，纯利润为 $436.8 - 78.06 = 358.74$ 万元。

社会效益：

① 提高工作效率，减少读者的购书时间。

② 提高工作效率，减轻工作人员的劳动。

③ 提高工作质量，增强读者对书店管理的信任感和亲善感，改善书店形象。

④ 提高管理水平。系统能够及时提供图书市场信息、出版商信息、库存信息、销售信息、读者反馈信息，提高决策正确率。

5.2.6　社会可行性分析

目前已有很多成功开发书店信息系统的先例，社会需要书店管理的现代化和信息化。书店信息系统开发和运行与国家的政策法规不存在任何冲突和抵触之处。另外，书店信息系统所采用的操作和工作方式符合工作人员和读者的日常习惯,操作方便灵活,便于学习。综上,开发书店信息系统具有可行性。

1．操作可行性分析

该系统提供窗体界面,操作简单。

- 客户要求有基本的计算机使用技能,经过简单培训后能熟练使用本软件。
- 系统管理员要求有一定的计算机基础知识,经过简单培训后,能够熟练管理本系统,使其正常运行;适应系统行政管理、工作制作、人员素质的要求。

2．法律因素

- 所有软件都选用正版;
- 所有技术资料都由提出方保管;
- 合同制订确定违约责任。

5.2.7 结论意见

通过对项目整体进行可行性分析,该项目无论在操作可行性、技术可行性、经济可行性及社会可行性上均满足要求,因此,开发此系统的构想是可行的,可着手进行。

5.3 系统需求分析报告

需求分析的主要任务是确定系统"要做什么",通过软件开发人员与用户的交流和讨论,进行细致的调查分析,准确理解用户的功能需求、性能需求、运行环境需求和操作界面需求。本节将对照第2章第2.4节在业务需求调查的基础上研究"书务管理系统"项目客户的功能需求、性能需求、运行环境需求和操作界面需求,为设计阶段提供设计依据。

5.3.1 引言

1．编写目的

针对客户提出的关于小型书店管理系统的构想,认真分析,提出满足用户需求且符合实际业务需要的书店书务管理系统。

预期读者为:所有项目组人员、客户。

2．背景

随着计算机技术的发展,越来越多的以往依靠人类手工完成的工作可以让计算机替代,从而大大地提高了工作的效率。过去小型书店的管理模式大多以手工为主,图书采购后的入库、图书的销售、图书的查询大多停留在纸质手工的层面上。这种模式存在效率低下、人工成本巨大、数据容易遗失等缺点。一些比较大型的连锁书店由于规模大实力雄厚,已经使用了自己的专用的信息管理系统,而一些小型的书店由于多方面因素还没有使用。但随着同行之间相互竞争的加剧,为了书店的长远发展,甚至是为了自身的生存,书店越来越渴望使用书店管理系统。开发适合小型书店的信息管理系统势在必行。

拟针对小型实体书店的管理需求,利用 VS2010 平台和 C♯语言开发书店书务管理系统。该系统应该满足中小实体书店的需求,可以帮助工作人员实现书店数据处理、业务处理、组织管理、辅助决策,实现书目管理、库存管理、销售管理、会员信息管理、系统管理等一系列功能。经过需求、设计等步骤达到任务书中的要求。

3．术语

书店管理；管理系统；数据流图；数据字典。

5.3.2 任务概述

1．目标

在业务需求调查的基础上，结合现有的技术条件和力量，根据用户的需求，把系统划分为高内聚、低耦合的相应功能子模块。对系统的功能和性能进行更翔实的需求分析，为设计阶段提供设计依据。以便系统能够对书店业务进行全面有效的管理，使得最终所确定系统能够满足用户的需求和实际应用需要。

将整个书务管理的业务流程抽象描述如下：

(1) 联系出版社采购图书。

(2) 若为已有书目则直接登记采购信息，如果是新书，购进后，分门别类地进行汇总编号，将图书信息插入系统书目信息库中。

(3) 书到货后，入库准备销售，生成入库记录。

(4) 图书销售过程中，如果顾客是新会员则登记会员信息，完成购买打印小票并积分。老会员则直接完成购买打印小票并积分。临时顾客则直接录入购书信息结算、打印购买小票。

(5) 客户购书成功后，及时更新图书库存量，生成售书记录。

业务流程图如图 5.13 所示。

图 5.13 书务管理流程图

小型书店书务管理系统实现的总目标如下：

(1) 对书店所有图书基本信息管理、新书采购管理、图书入库管理、图书销售管理、图书会员管理、与书店相关的基础信息管理，如出版商和员工管理。

(2) 对书店业务提供全面、一致、快速处理。

(3) 系统具有友好性和易操作性。

(4) 系统具有安全性和保密性。

2．功能目标

系统功能目标如下。

(1) 用户登录管理，具有权限检查机制，各级用户只能看到允许查看的系统信息。管理员拥有最高权限，拥有系统的所有操作权限。采购员拥有采购模块、查阅库存报表、书目信息查看的权限；库管员拥有库存管理、书目信息维护的权限；销售员拥有销售模块、会员信息查询和增加权限、库存信息查询权限。

(2) 基础信息管理，对书店书务系统业务流程中的基础数据进行维护，涉及图书信息、顾客信息、图书供应商信息。

书目信息：书目信息的增加、删除、修改、查询。

会员管理:会员信息的增加、删除、修改、查询和积分换兑操作。

供应商管理:会员信息的增加、删除、修改、查询。

(3)采购管理,也称进货管理,负责处理从供应商采购图书的相关事务,完成图书采购和采购查询。

图书采购:从供应商那里采收新书,或是补充旧书库存。

采购查询:查询历史采购记录。

采购统计:按时间段对采购信息及到货情况进行查询。

(4)销售管理,完成图书的销售相关事务,包括销售处理、退书处理、销售台账记录、销售记录查询和统计。

图书销售:完成图书销售和结算及销售记录的存储。

退书处理:顾客完成购买后,在合理的期限内可以退书并重新购买。

销售查询:查询销售记录详单。

销售统计:按时间、书名统计销售金额及销售情况。

(5)库存管理,图书采购回来后,需要入库,图书报损或是销售后需要出库,该模块完成图书库存出入库管理,并提供库存报警设置和库存查询功能。

图书出库入库管理:完成图书进入销售和图书报损的出库处理。

库存查询:查询缺货详细情况。

库存报警设置:设置商品缺货预警最低值。

库存统计查询:统计缺货或货品充足的详细信息,生成缺货详单。

(6)系统管理,系统管理只有管理员能够完成,涉及系统的备份和还原及单位员工信息的维护及员工操作权限的分配。

系统备份与还原:对数据进行备份和还原操作。

员工管理:员工管理包括员工信息的增加、删除、修改、查询及员工权限的设置操作。

3.性能目标

(1)由多台计算机通过局域网连成一体化系统,全部实现计算机管理,代替所有手工账目、图表。

(2)用户可以通过前台计算机查询所有在售图书。并可在前台通过计算机来办理正常业务,系统界面清晰,操作方便。

(3)系统可以联机进行采购、入库、出库、销售、统计等处理。

(4)系统处理效率与手工处理相比显著提升,效率提升30%,系统反应时间最慢不能低于2 s。

(5)一般职工经过简单培训就可以使用系统。

(6)系统界面友好,操作方便,具有联机提示功能。

(7)具有高可靠性和容错能力,不允许在工作时间停机,不允许丢失图书信息。

(8)具有安全检查机制,非法用户不得使用系统。

(9)具有权限检查机制,各级用户只能看到允许查看的系统信息。

5.3.3 系统需求结构分析

书店书务管理系统功能目标划分为6大部分:用户登录管理、基础信息管理、进货管理、销售管理、库存管理和系统管理。它们构成如图 5.14 所示的功能结构图。

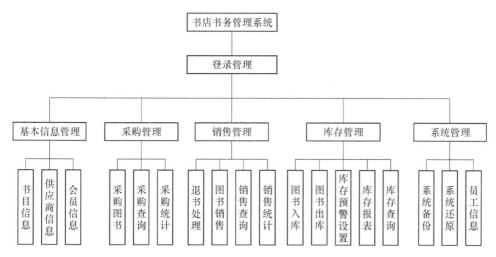

图 5.14 系统功能结构图

5.3.4 功能分析

书店设有采购、库存、销售、书店管理等业务部门。门店每天要处理大量的图书销售业务,当缺货或是新书采购时需要进货,货物到达后需要入库。书店书务系统 TOP0 流程图如图 5.15 所示。

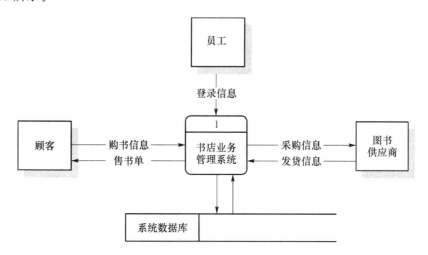

图 5.15 书店书务系统 TOP0 图

书店业务管理系统又可以划分为采购子业务系统、库存子业务系统、销售子业务系统。

1. 采购业务

采购业务由书目采购系统完成,其接收库存系统发来的库存缺货报告。采购系统根据缺货报告进行定书处理,并向图书供应商发送采购需求信息,并生成系统采购数据记录。采购业务的 TOP 数据流程图、第一层数据流图和第二层数据流图如图 5.16～图 5.18 所示。

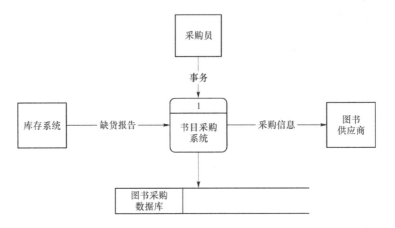

图 5.16　采购系统数据流图 TOP1

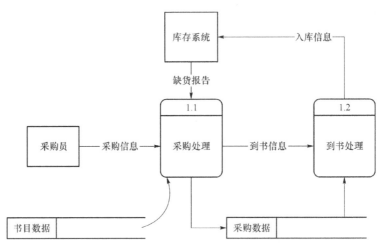

图 5.17　采购系统第一层数据流图

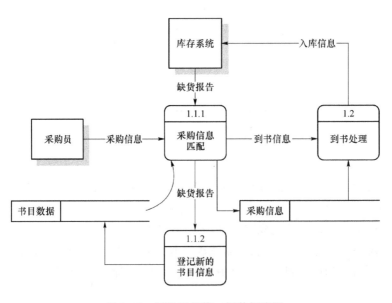

图 5.18　采购系统第二层数据流图

数据字典,具体如下。

名称:采购信息

别名:无。

简述:采购员采购书时提供的信息。

来源:采购员。

流向:加工1.1。

组成:采购单号＋图书编号＋数量＋到货状态＋采购时间＋员工编号。

备注:采购单号自动生成,图书编号由书目信息数据库获得,到货状态默认为 0,采购时间自动获取当前系统时间,员工编号为当前操作的员工号。

名称:缺货报告

别名:无。

简述:图书销售或出库后,如果库存量低于警戒值,则认为缺货。

来源:库存系统。

流向:加工1.1。

组成:图书编号＋图书名＋出版社＋库存数量＋警戒值。

备注:缺货信息通过查询库存信息表中库存量＜警戒值的数据行获得。

名称:入库信息

别名:无。

简述:图书到货时需要做入库信息保存。

来源:采购员。

流向:库存管理系统。

组成:图书编号＋图书名称＋数量。

备注:入库信息根据实际到库的数量和图书编号。

名称:书目信息

别名:书目。

组成:图书编号＋书名＋出版社＋单价＋供应商。

组织方式:索引文件,图书编号为关键字。

查询要求:要求能立即查询。

名称:采购信息

别名:采购数据。

组成:采购单号＋图书编号＋数量＋到货状态＋采购时间＋员工编号。

组织方式:索引文件,采购单号为关键字。

查询要求:要求能立即查询。

名称:采购处理

编号:1.1。

激发条件:图书采购。

输入:图书采购信息。

输出:采购的图书信息。

加工逻辑:根据采购记录。

　　If 采购的书包含在书目数据中

        Then 采购操作并生成采购记录

    Else   将新书信息录入书目数据库

        完成采购,生成采购记录

名称:到书处理

编号:1.2。

激发条件:采购的图书到达。

输入:到货图书的编号和数量。

输出:入库图书信息。

加工逻辑:

根据到书记录;

修改采购图书信息的相应图书状态为1;

生成入库信息。

2. 库存业务

库存业务由库存业务系统完成,库存业务负责图书的出/入库处理,根据储备定额统计缺货情况,并生成缺货报告为采购部门的采购提供依据,库存业务的 TOP 数据流程图及第一层数据流图如图 5.19、图 5.20 所示。

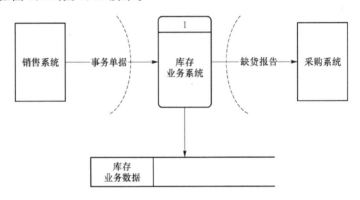

图 5.19　库存业务数据流图 TOP

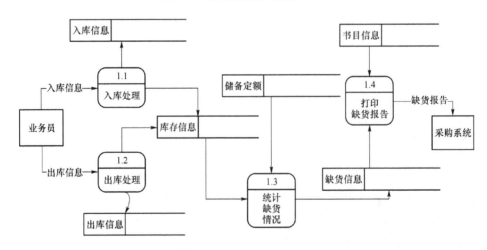

图 5.20　库存业务第一层数据流图

数据字典,具体如下。

名称:入库信息(数据流)

别名:无。

简述:图书入库时提供的信息。

来源:库管员。

流向:加工1.1。

组成:图书编号＋数量＋员工编号。

名称:出库信息(数据流)

别名:无。

简述:图书由于某种原因需出库时,如报损时提供的信息。

来源:库管员。

流向:加工1.2。

组成:图书编号＋数量＋员工编号。

名称:缺货报告(数据流)

别名:缺书报表。

组成:图书编号＋图书名＋供货商＋供货商联系电话＋数量＋警戒数量。

组织方式:索引文件,图书编号为关键字。

名称:储备定额(数据存储)

别名:图书警戒值。

组成:图书编号＋书名＋最低储备量。

组织方式:索引文件,图书编号为关键字。

查询要求:要求能立即查询。

名称:入库信息(数据存储)

别名:入库信息记录。

组成:入库单号＋图书编号＋数量＋入库时间＋员工编号。

组织方式:索引文件,图书编号为入库单。

备注:入库单号自动生成,图书编号由采购信息数据库获得。

入库时间自动获取当前系统时间。

名称:出库信息(数据存储)

别名:出库信息记录。

组成:出库单号＋图书编号＋书名＋数量＋出库时间＋员工编号。

组织方式:索引文件,出库单号为关键字。

备注:出库单号自动生成,图书编号由采购信息数据库获得。

出库时间自动获取当前系统时间。

名称:库存信息(数据存储)

别名:库存数据。

组成:图书编号＋图书名＋销售单价＋数量。

组织方式:索引文件,图书编号为关键字。

查询要求:要求能立即查询。

名称:入库处理

编号:1.1。

激发条件:图书入库。

输入:入库图书信息,包括图书编号、图书名称、数量。

输出:入库图书信息。

加工逻辑:写入入库图书信息,修改对应的库存记录。

名称:出库处理

编号:1.2。

激发条件:图书出库。

输入:入库图书信息,包括图书编号、图书名称、数量,储备定额。

输出:出库图书信息。

加工逻辑:

判断出库后库存记录是否<0。

   If 库存量<0 则撤回出库操作,给出警示

  Else 修改对应的库存记录

名称:统计缺货情况

编号:1.3。

激发条件:图书出库。

输入:出库图书信息,储备定额。

输出:缺货图书信息。

加工逻辑:根据库存记录。

   If 图书的库存数量<书目的储备定额

  Then 生成缺货记录

名称:打印缺书报告

编号:1.4。

激发条件:发出打印请求。

输入:缺书信息表、图书书目表。

输出:缺货图书详细信息及供货商信息。

加工逻辑:根据缺书记录信息中的图书编号查找书目信息表。

找到该书对应的供货商的名称和联系方式。

3. 销售业务

销售业务是整个书店业务的核心,顾客提供购书信息,销售业务系统对购书信息进行审核,并根据实际情况进行售书处理,并打印售书清单。销售业务的 TOP、第一层数据流程及第二层数据流图如图 5.21～图 5.23 所示。

数据字典,具体如下。

名称:购书信息(数据流)

别名:无。

简述:顾客购书时提供的信息。

来源:顾客。

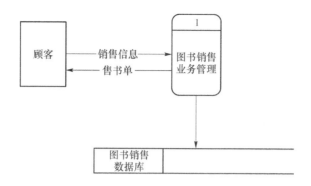

图 5.21　销售子系统流程 TOP

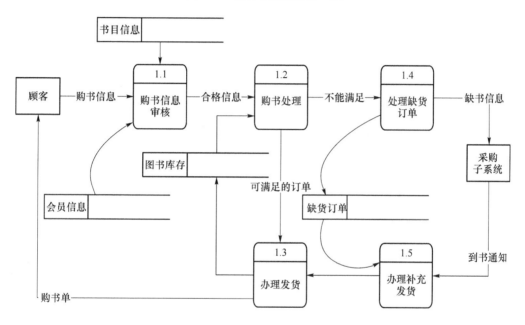

图 5.22　销售子系统第一层数据流图

流向:加工 1.1。

组成:会员号＋图书编号＋数量。

备注:会员号由用户提供,图书号由条形码识别器自动识别。

名称:新会员(数据流)

别名:会员记录。

简述:顾客会员注册时提供的信息。

来源:顾客。

流向:加工 1.1.2。

组成:姓名＋性别＋出生日期＋联系电话。

备注:会员号由用户提供,图书号由条形码识别器自动识别。

名称:购书单(数据流)

别名:购书单据。

简述:顾客完成购买后获得的纸质单据。

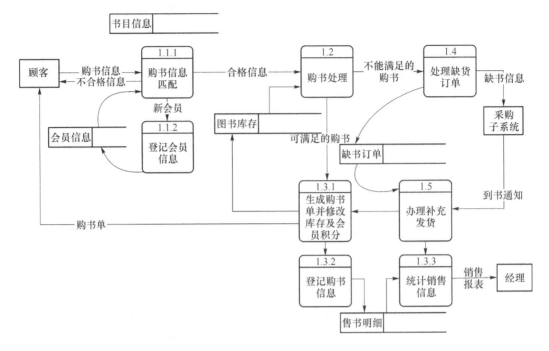

图 5.23　销售业务第 2 层数据流图

来源:系统。

流向:顾客。

组成:

(1) 收营员、会员号、累计积分、门店地址、门店电话。

(2) 图书单项记录:书名、单价、数量、合计、实收。

(3) 总价、折让、实收、购买时间。

备注:会员号由用户提供,图书相关信息图书编号从图书书目获得,图书编号由条形码识别器自动识别。

名称:会员信息(数据存储)

别名:会员数据。

组成:会员编号＋姓名＋性别＋出生日期＋电话＋积分。

组织方式:索引文件,会员编号为关键字。

查询要求:要求能立即查询。

注释:积分为累加值,每购买一次积一次分。

名称:售书明细(数据存储)

别名:售书记录。

组成:销售单号＋会员号＋图书编号＋图书名称＋数量＋销售日期＋销售单价＋员工编号。

组织方式:索引文件,销售单号为关键字。

查询要求:要求能立即查询。

注释:售价为入库后的定价。

名称:缺书订单(数据存储)

别名:缺书记录。

组成:会员名+图书编号+图书名称+数量+初售日期+销售单价+总金额+员工编号。

组织方式:索引文件,销售单号为会员号。

查询要求:要求能立即查询。

名称:购书信息匹配

编号:1.1。

激发条件:顾客购书。

输入:图书编号,会员号。

输出:合格的购书信息。

加工逻辑:获取图书编号。

  If 无会员号

    Then 询问顾客是否注册为会员

       If 顾客愿意则注册新会员号,获取会员新号

       Else 默认会员号为 000000

    Else

      获取会员号

名称:购书处理(处理)

编号:1.2。

激发条件:合格的购书。

输入:图书编号,购书数量,库存数量。

输出:购书信息。

加工逻辑:根据库存数量和购书数量。

  If 库存数量-购书数量>0

   Then 可满足的购书

  Else

   登记缺书信息,待入库后再办理补充订货

名称:办理发货(处理)

编号:1.3。

激发条件:可满足的购书。

输入:图书编号,购书数量,会员号。

输出:购书单。

加工逻辑:

(1) 计算购书总金额,完成支付;

(2) 生成购书单;

(2) 修改库存量,完成会员积分;

(3) 存储该条销售明细记录。

名称:处理缺货订单(处理)

编号:1.4。

激发条件：不满足的购书。

输入：图书编号，购书数量，会员号。

输出：缺书信息，缺书单。

加工逻辑：

（1）办理结算和会员积分；

（2）发缺货信息给采购部；

（3）生成缺书记录，保存。

5.3.5　性能分析

书店书务管理系统性能方面，尽可能提高系统处理速度和数据处理能力，缩短响应和处理时间；提供简单、便捷的处理方式；保证系统有较高的可靠性，系统抗故障、抗干扰能力强，拒绝非法用户访问系统。

1. 性能需求

在需求调查的过程中，用户提出了以下书店书务管理系统的性能要求：

（1）由多台计算机通过局域网连成一体化系统，全部实现计算机管理，代替所有手工账目、图表。

（2）职工和用户可以在计算机中查询图书的基本信息，系统界面清晰，操作方便，使用简单。

（3）系统处理效率要与手工相比有显著提高，系统反应速度要快，效率提升30％，系统反应时间最慢不能低于2秒。

（4）系统界面友好，一般员工简单培训即可使用，具有联机提示和帮助学习功能。

（5）具有高可靠性和容错能力，不允许在工作时间停机，不允许丢失图书信息。

（6）具有安全检查机制，非法用户不得使用系统。

（7）具有权限检查机制，各级用户只能看到允许查看的系统信息。

（8）具备一般的病毒防御能力，不能因为黑客或病毒破坏系统。

2. 性能分析说明

系统性能分析是对客户提出的各种性能需求进行综合分析，确定出合理、可信的系统性能要求。书店书务系统的性能方面，尽可能地提高系统的处理速度和能力，缩短响应时间和处理时间，提供简单、便捷的处理方式，保证系统正常工作，增强系统抗故障、抗干扰、防止非法用户访问的能力。

由于受到技术、经济、社会因素等客观条件的影响，用户提出的性能需求并不能完全符合实际的开发技术要求。例如，第（5）条"具有高可靠性和容错能力，不允许在工作时间停机，不允许丢失图书信息"。从原理上讲，不能保证任何一个系统在运行期间不出现故障和错误，只能把故障或错误降低到最小，同时很多因素会造成系统停机，由于很多解决方案造价太高，我们仅仅采用不间断电源避免断电的停机。因此这一条改为："系统具有一定的容错能力，故障能够得到及时排除，工作期间不会应断电停机丢失数据，并能切换到人工方式"。第（8）条"具备一般的病毒防御能力，不能因为黑客或病毒破坏系统"。由于我们无法预料后期发生的所有黑客事件，要彻底避免攻击是不可能实现的，可以把这条改为："对于病毒和黑客有一定的防御能力，并能够把黑客攻击带来的损失降到最低"。

5.3.6 运行环境分析

设备包括：服务器 1 台、微机 6 台、打印机 6 台、条形码扫描仪 7 台、网络设备和布线、不间断电源 1 台、工作台 8 台。

支撑软件：Windows NT、SQL Server 、C♯。

5.4 系统概要设计报告

概要设计解决"怎么做"的问题,从软件需求规格说明书出发,将需求分析产生的模型等分析结论进行转换,由此产生设计结论的过程。本节将对照第 2 章第 2.5 节,在需求分析的基础对"书务管理系统"中系统各部分模块将要实现的功能进行详细的分析,同时确定各个模块功能之间的逻辑结构,确定系统与用户间的交互方式、操作顺序和交互界面的组成,完成的数据库进行设计、概要设计结果将作为后期详细设计的基本依据。

5.4.1 引言

1. 编写目的

在小型书店管理系统需求分析的基础上,进行系统设计,给出系统的体系结构和详细设计方案。

预期读者：所有项目组人员、客户。

2. 项目背景

项目名称：南京××书店书务管理系统。

项目开发者：××软件公司。

项目用户：南京××书店。

该系统应该满足中小实体书店的需求,可以帮助工作人员进行数据管理、书店业务的普通管理,实现书目管理、库存管理、销售管理、会员信息管理、系统管理等一系列功能。经过需求、设计等步骤达到任务书中的要求。

3. 参考资料

[1] 陶华亭. 软件工程实用教程[M]. 2 版. 北京：清华大学出版社.

[2] 狄国强,杨小平,杜宾. 软件工程实验[M]. 北京：清华大学出版社.

[3] 卫红春. 信息系统分析与设计[M]. 西安：西安电子科技大学出版社.

5.4.2 小型书店书务系统的体系结构

1. 概述

进过前期的分析,对需要开发的系统已经有了一个清楚的把握,对系统的总体结构也有了充分的了解。该阶段要做的工作：在需求分析的基础上对待开发的系统各部分模块将要实现的功能进行详细的分析,同时确定各个模块功能之间的逻辑结构,确定系统与用户间的交互方式、操作顺序和交互界面的组成,最后对数据库进行设计。

2. 系统平台设计

（1）物理平台设计

该部分确定信息系统物理设备方案,所设计的物理设备方案能够充分满足系统功能需求的前提的同时,还需要满足系统的效率、可靠性、安全性和适应性等性能要求,性价比要高。

本系统的物理设备组成如下。

① 相关 I/O 设备:除计算机系统所配置的 I/O 设备外,本系统还配置专业的打印机和条码识别器。

② 计算机:考虑终端计算机主要用于前台操作,选用微机。

③ 服务器:由于数据存储需要,系统需要数据库服务器一台。

④ 电源及其他设备:为了提高系统可靠性,使系统工作期间不因停电而停机,系统配备有不间断电源;同时还需要网络布线及交换机。

(2) 软件平台设计

操作系统:本系统在 Windows NT 操作系统平台下进行开发,建议使用 Windows 7 以上系统。

支持软件如下。

- 数据库管理系统(DBMS):SQL Server 2012。
- 中间件:SQL Server 2012 自带的驱动程序作为数据库中间件。
- 客户端开发软件平台:Microsoft Visual Studio 2010。

3. 系统拓扑结构设计

书店书务系统是一个小型的信息管理系统,业务相对简单,经分析,该系统采用 C/S 计算模式。系统拓扑结构如图 5.24 所示,由一个基础信息管理节点、一个采购管理节点、多个图书销售管理节点、一个系统管理节点和一个服务器节点构成,多个节点共享一台打印机。

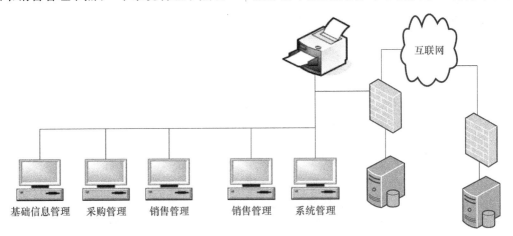

图 5.24　书店书务系统拓扑结构图

4. 软件体系结构

(1) 模块的划分

该系统对书店所有图书基本信息管理、新书采购管理、图书入库管理、图书销售管理、图书会员管理,同时对与书店相关的基础信息进行管理,如供应商和员工信息管理。

系统主要划分为 5 个模块:基础信息管理系统、采购管理系统、库存管理系统、销售管理模块和系统管理模块。

基础信息模块:主要对系统用到的基础数据进行管理和维护。维护的基础信息有:图书书目信息、会员信息、供应商信息。

采购管理模块:主要完成缺货图书或新书的采购操作,并记录采购详细信息。

库存管理模块:对新到的图书或退回的图书进行入库操作,对报损的图书进行出库操作,对缺货图书生成缺货报告。

销售管理模块:完成图书的销售和退书操作,并统计和报告销售情况。

① 基础信息管理功能,完成书目管理、会员管理、供应商管理信息的管理。

书目管理:书目管理包括员工信息的增加、删除、修改、查询操作。

会员管理:会员信息的增加、删除、修改、查询和积分兑换操作。

员工管理:员工管理包括员工信息的增加、删除、修改、查询操作。

供应商管理:会员信息的增加、删除、修改、查询。

② 采购管理,完成图书信息的采购、采购查询、采购统计事务。

图书采购:从供应商那里采收新书,或是补充旧书库存。

采购查询:查询历史的采购记录。

采购统计:按时间段对采购信息及到货情况进行查询。

③ 销售管理,完成图书的销售、销售查询、销售统计事务。

图书销售:完成图书销售和结算及销售记录的存储。

销售查询:查询销售记录详情。

销售统计:按时间统计销售金额及畅销书情况。

④ 库存管理,完成图书的库存信息查询、库存预警量设置、库存统计等事务。

库存查询:查询缺货详细情况。

库存报警设置:设置商品缺货预警最低值。

库存统计:统计缺货或货品充足的详细信息,生成缺货详单。

⑤ 系统管理,完成系统备份与还原:对数据进行备份和还原操作。

(2)系统层次结构

系统分为3个层次,第一层为登录管理层,第二层为基础信息管理系统、采购管理系统、库存管理系统、销售管理模块、系统管理模块,第三层为各模块功能层。功能层次如图5.25所示。

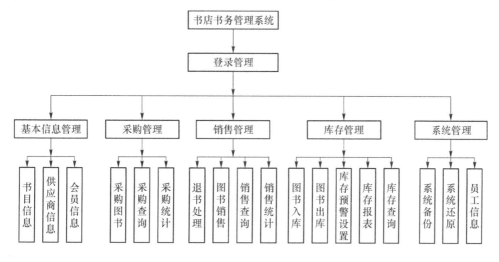

图 5.25 系统功能层次结构图

基础信息管理模块,主要为系统提供书目管理、会员管理、供应商管理信息的管理功能,为其他模块提供基础数据处理服务。采购管理调用书目信息管理和供应商信息管理功能。销售管理调用会员信息管理功能。基础信息管理模块的功能层次结构如图 5.26 所示。

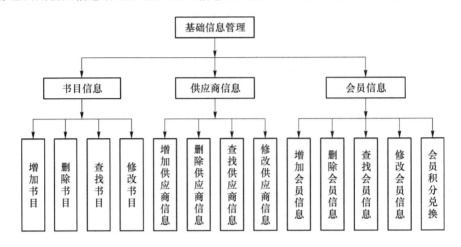

图 5.26　基础信息管理模块

采购管理模块,提供图书采购服务管理功能,采购员及系统管理员拥有采购管理模块的操作权限,功能结构如图 5.27 所示。采购管理提新书采购和旧书库存的补充两种采购管理,同时提供采购信息的查询和采购信息的统计,新书到达后进行确认处理,生成入库信息。

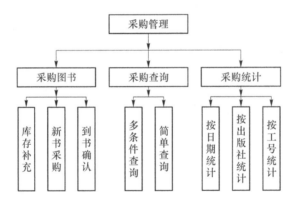

图 5.27　采购管理模块

库存管理主要负责图书入库和图书出库及库存警戒值的设置,另外为销售部门和采购部门提供库存查询和库存统计报表服务,库存管理员及系统管理员拥有采购管理模块的操作权限。其功能结构如图 5.28 所示。

图书销售管理,主要负责图书销售和退书业务,生成销售单或退书单。同时提供销售记录的统计和查询操作。售书员及系统管理员拥有采购管理模块的操作权限。其结构如图 5.29所示。

系统管理模块是只有管理员才拥有该操作权限的模块,主要完成数据的备份和恢复及系统用户的管理,所有系统的操作用户都由管理员分配和维护用户名和密码及操作权限。其结构如图 5.30 所示。

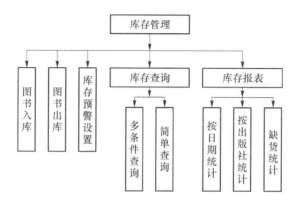

图 5.28　库存管理模块

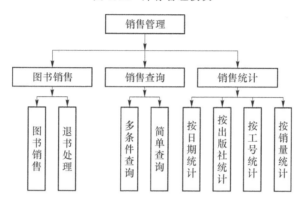

图 5.29　销售管理模块

5.4.3　系统数据库设计

在需求分析阶段已完成该系统所有的数据分析。根据该阶段所建立的概念模型,已经得出满足系统设计要求的几个关系描述,该阶段的主要工作是把前一阶段的成果转化为具体的数据库。

1. 数据库的概念设计

(1)实体抽取

抽取的实体有员工、会员、图书、供应商。实体属性如下:

员工(员工编号、姓名、用户名、密码、部门、职位、联系电话、在岗状态);

会员(会员编号、姓名、性别、生日、电话、积分);

供应商(供应商号、名称、联系人电话、地址);

图书(图书编号、书名、出版社、单价)。

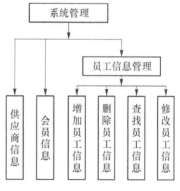

图 5.30　系统管理

(2)局部 E-R 图

采购业务 E-R 图如图 5.31 所示。

库存管理 E-R 图如图 5.32 所示。

销售业务 E-R 图如图 5.33 所示。

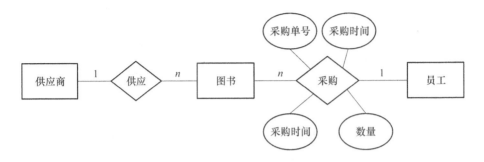

图 5.31 采购业务 E-R 图

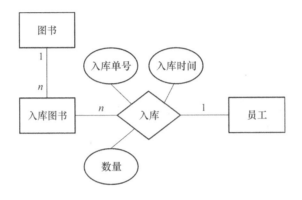

图 5.32 库存管理 E-R 图

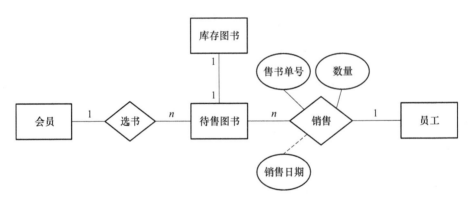

图 5.33 销售业务 E-R 图

（3）系统整体 E-R 图

 请读者根据子系统局部 E-R 图（图 5.31～图 5.33）给出系统整体 E-R 图描述。

2. 数据库逻辑结构设计

在全局概念数据库结构（E-R 图）的基础上，通过转换和规范化处理，得到图书销售的关系模式如表 5.1 所示。

表 5.1 图书销售的关系模式表

员工(员工编号、姓名、登录名、密码、部门、职位、联系电话、在岗状态)

会员(会员编号、姓名、性别、生日、电话、积分)

供应商(供应商号、名称、联系人电话、地址)

图书(图书编号、书名、出版社、单价、供应商编号)

入库信息(入库编号、图书编号、数量、入库时间、售价、员工编号)

采购信息(采购单号、图书编号、数量、采购时间、到货状态、员工编号)

销售信息(销售编号、图书编号、会员号、数量、日期、售价、员工编号)

3. 数据库物理设计

数据库物理设计如表 5.2～表 5.8 所示。

表 5.2 员工信息表

字段名称	数据类型	字段大小	是否空值	说明
EmpId	char	16	否	员工编号
EmpName	char	16	否	姓名
EmpLoginName	char	16	否	登录名
EmpLoginPwd	char	6	否	密码
EmpDept	char	16	否	部门
EmpPhone	char	10	否	职位
EmpAddress	char	11	否	联系电话
EmpFalg	int	4	否	在岗状态

表 5.3 供应商表

字段名称	数据类型	字段大小	是否空值	说明
CompanyID	char	16	否	供应商号
CompanyName	char	50	是	供应商名
CompanyDirector	char	8	是	联系人
CompanyPhone	char	11	是	电话
CompanyAddress	char	100	是	地址

表 5.4 会员信息表

字段名称	数据类型	字段大小	是否空值	说明
HYId	char	16	否	会员号
HYName	char	10	否	会员名
HYSex	char	2	是	性别
HYBirthday	datetime	8	是	生日
HYPhone	char	11	是	电话
HYIntegral	Float	4	否	积分

表 5.5 图书书目表

字段名称	数据类型	字段大小	是否空值	说明
BookId	char	20	否	图书编号
BookName	char	40	否	图书名
BookPress	char	20	否	出版社
BookPrice	Float	4	否	定价
CompanyID	char	20	是	供应商

表 5.6 入库信息表

字段名称	数据类型	字段大小	是否空值	说明
KcID	char	20	否	入库编号
GoodsID	char	20	否	图书编号
KcGoodsName	char	20	否	图书名称
KcNum	int	4	否	库存数量
KcAlarmNum	int	4	否	库存警报数量
KcTime	datetime	8	否	最近入库时间
KcSellPrice	Float	8	否	售价
KcEmp	char	20	否	入库员工编号

表 5.7 采购信息表

字段名称	数据类型	字段大小	是否空值	说明
BuyId	Char	20	否	采购单号
GoodsID	Char	20	否	图书号
GoodsName	Char	20	否	图书名
GoodsNum	int	4	否	采购数量
GoodsPrice	float	8	否	采购单价
BuyTime	datetime	8	否	最近采购时间
ArrivalStatus	float	8	否	到货状态
EmpId	Char	20	否	采购员工编号

表 5.8 销售信息表

字段名称	数据类型	字段大小	是否空值	说明
SellID	Char	20	否	销售单号
GoodsID	Char	20	否	图书号
GoodsName	Char	20	否	图书名
SellGoodsNum	int	4	否	销售量
SellGoodsTime	datetime	8	否	销售时间
SellPrice	float	8	否	销售单价
SellHasPay	float	8	否	总金额
EmpId	Char	20	否	销售员工号

5.5　系统详细设计报告

详细设计是软件工程中对概要设计的一个细化,主要是为软件结构图中的每一个模块确定采用的算法和模块内数据结构,并用某种表达工具给出清晰的描述。本节将对照第2章第2.6节,在需求分析和概要设计的基础上对待开发的系统各部分模块要实现的功能进行详细的设计,确定模块内部程序结构设计,并对数据库、用户界面进行详细设计。详细设计结果将作为后期系统实现的基本依据。

5.5.1　引言

在小型书务管理系统需求分析和概要设计的基础上,提出本系统详细设计方案。

1. 编写目的

经过前期的分析,我们对要做的系统已经有了一个清楚的把握,对系统的总体结构也有了充分的了解。这一部分要做的工作就是在需求分析和概要设计的基础上对待开发的系统各部分模块要实现的功能进行详细的设计,确定模块内部程序结构设计,并对数据库、用户界面进行详细设计。

2. 术语的定义

程序流程图、模块结构图、IPO 表。

3. 参考资料

- 《软件工程实用教程(第 2 版)》,陶华亭主编,清华大学出版社。
- 《软件工程实验》,狄国强、杨小平、杜宾编著,清华大学出版社。

5.5.2　系统主程序流程

系统主程序流程如图 5.34 所示。

1. 系统模块的划分

系统主要划分为 5 个子模块:基础信息管理模块、采购管理模块、库存管理模块、销售管理子模块和系统管理模块。

基础信息模块:主要对系统用到的基础数据进行管理和维护。维护的基础信息有:图书书目信息、会员信息、供应商信息。

采购管理模块:主要完成缺货图书或新书的采购操作,并详细记录采购详细信息。

库存管理模块:对新到的图书或退回的图书进行入库操作,对报损的图书进行出库操作,对缺货图书生成缺货报告。

销售管理模块:完成图书的销售和退书操作,并统计和报告销售情况。

模块间的调用关系如图 5.35 所示。

根据登录权限调用不同的模块,完成不同的功能,采购模块调用入库模块的库存查询功能完成缺货图书的查询,同时调用基础信息管理模块中的书目信息管理中的书目增加功能增加新书目信息。销售模块调用入库模块的库存查询功能完成库存信息的查询,同时销售模块调用基础信息管理模块的会员信息管理中的会员增加功能注册新会员。

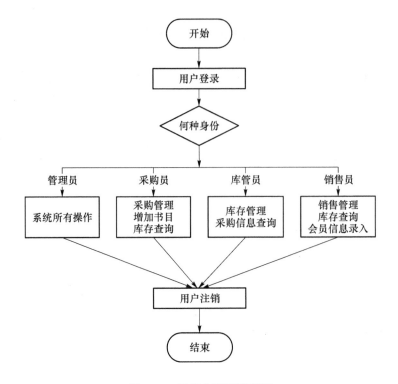

图 5.34　系统主程序流程图

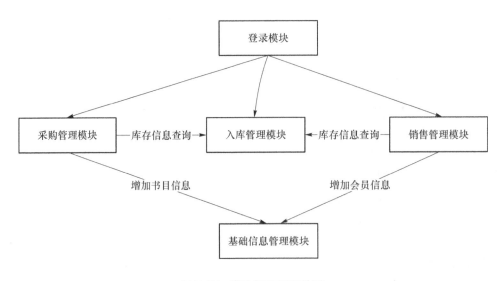

图 5.35　模块间的调用关系

2. 模块设计

（1）登录模块设计

根据用户提供的部门名和登录名、密码验证登录信息的匹配性,如果匹配跳转到相应模块主控界面,模块结构如图 5.36 所示。

功能描述:判断用户登录的合法性。

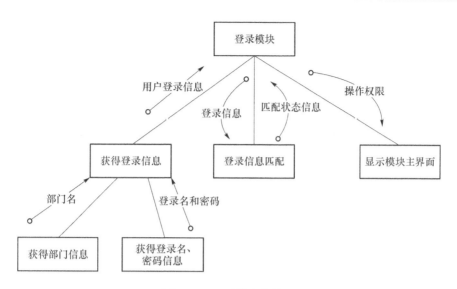

图 5.36　登录模块结构图

该模块的 IPO 表如表 5.9 所示。

表 5.9　用户登录模块 IPO 表

模块名称	用户登录模块
主要功能	判断用户登录的合法性
调用模块	主界面
输入	部门名、登录名、密码
输出	提示信息:有效用户或无效用户。有效用户则显示相应权限的主界面
相关数据表	员工信息表
处理	① 输入部门名、登录名、密码; ② 查询员工信息表,对部门、登录名、密码进行匹配,如果有一个值不对应则登录失败; ③ 根据权限显示相应主界面
约束条件	登录失败 3 次,退出本系统

设计人:××	设计日期:2015 年 8 月 24 日	版本:1.1

测试要点:测试登录名的合法性检测是否完整。考虑部门名、登录名、密码中任意一属性不匹配的情况。

使用程序流程图 5.37 表示模块的实现算法逻辑。

（2）基础信息管理模块

基础信息管理模块如图 5.38 所示。

功能描述:增加、删除、查询、修改书目信息、供应商信息、会员信息等基础信息,并进行会员积分兑换。

该模块的 IPO 表如表 5.10 所示。

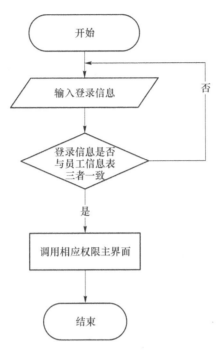

图 5.37　登录模块程序流程图

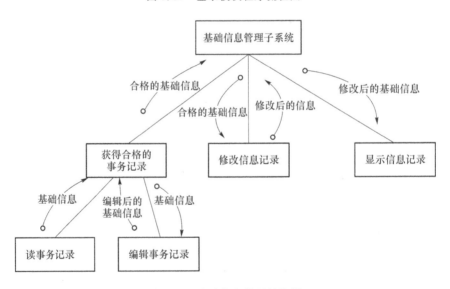

图 5.38　基础信息管理结构图

表 5.10　基础信息管理模块 IPO 表

模块名称	基础信息管理模块
主要功能	增加、删除、查询、修改书目信息、供应商信息、会员信息等基础信息，并进行会员积分兑换
调用模块	无
输入	书目信息、供应商信息、会员信息的数据项
输出	书目信息、供应商信息、会员信息

续表

相关数据表	书目信息表、供应商信息表、会员信息表
处理	① 选择需要进行操作的对象,如书目信息; ② 选择需要进行的操作,如增加、积分兑换; ③ 格式化输出操作结果

设计人:××	设计日期:2015 年 8 月 24 日	版本:1.1

测试要点:

- 模块正常运行流程。用户选择操作对象,对对象进行增、删、查、改操作,格式化输出。
- 数据库操作。数据库连接异常时的响应情况。

使用程序流程图 5.39 表示模块的实现算法逻辑。

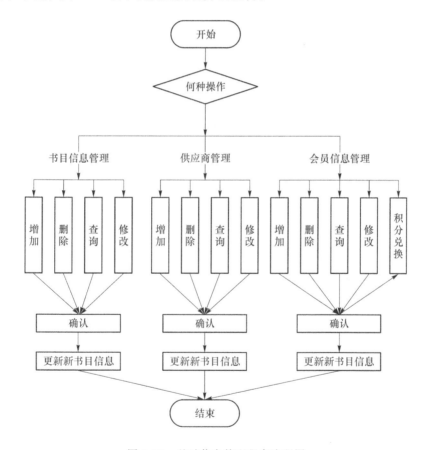

图 5.39 基础信息管理程序流程图

(3) 采购管理模块

采购管理模块结构如图 5.40 所示。

功能描述:主要完成缺货图书或新书的采购操作,并详细记录采购详细信息。

该模块的 IPO 表如表 5.11 所示。

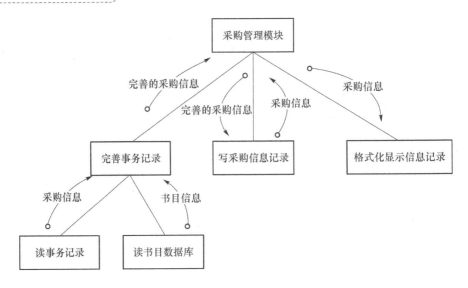

图 5.40　采购管理结构图

表 5.11　采购管理子模块 IPO 表

模块名称	采购管理子模块
主要功能	图书采购管理
调用模块	基础信息管理模块,库存管理模块
输入	采购图书编号,数量
输出	采购信息
相关数据表	书目信息表、库存信息表、采购信息表
处理	① 选择采购类型; ② 如果是旧书补充库存,直接录入采购数量和单价,生成采购记录; ③ 否则,先录入该书的书目信息,再录入采购数量和单价,生成采购记录; ④ 保存修改信息

设计人:××	设计日期:2015 年 8 月 23 日	版本:1.0

　　测试要点:模块正常运行流程。新书采购、旧书补充流程是否能正常运行,库存信息是否同步更新。使用程序流程图 5.41 表示模块的实现算法逻辑。

　　(4) 库存管理系统

　　库存管理结构如图 5.42 所示。

　　该模块的 IPO 表如表 5.12 所示。

表 5.12　库存管理子模块 IPO 表

模块名称	库存管理子模块
主要功能	图书库存管理
调用模块	基础信息管理模块,销售管理模块,采购管理模块
输入	出库或入库图书编号,数量,售价
输出	库存信息
相关数据表	书目信息表、库存信息表、采购信息表、销售信息表

续表

处理	① 选择操作类型; ② 如果是出库则库存数量增加; ③ 否则,库存数量减少; ④ 当库存数量少于预警量则生成缺货记录	
设计人:××	设计日期:2015 年 8 月 23 日	版本:1.0

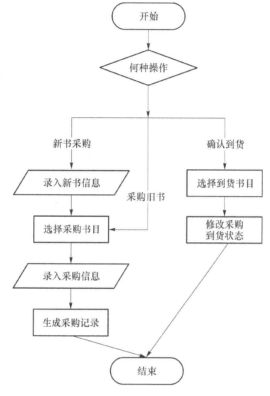

图 5.41 采购管理程序流程图

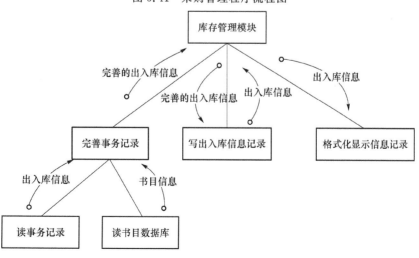

图 5.42 库存管理结构图

125

库存管理流程如图 5.43 所示。

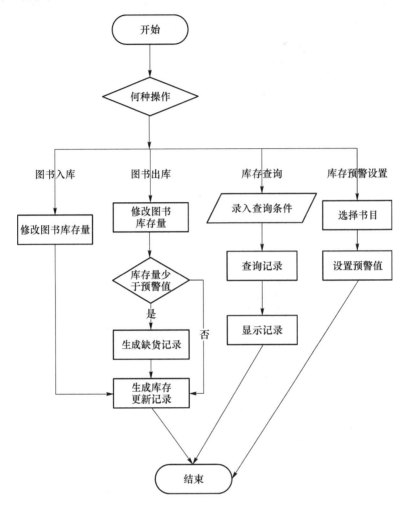

图 5.43　库存管理流程图

（5）销售管理模块

完成图书的销售和退书操作,并统计和报告销售情况。

 请读者自己完成销售管理子系统的 IPO 表的描述。

测试要点:模块正常运行流程。售书和退书流程是否能正常运转,新会员信息是否能录入,库存信息是否同步更新,统计查询功能是否实现。

使用程序流程图 5.45 表示模块的实现算法逻辑。

5.5.3　界面设计

1. 用户界面设计

（1）用户登录界面(如图 5.46 所示)

界面说明:用户登录时需要输入的信息,若为新用户则先进行注册。

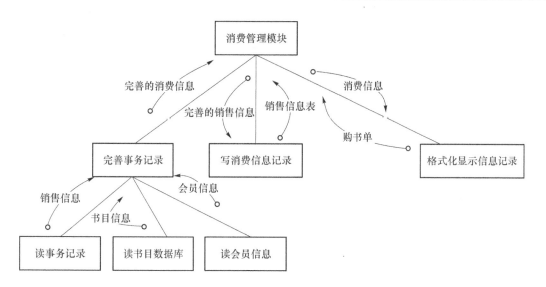

图 5.44 销售管理结构图

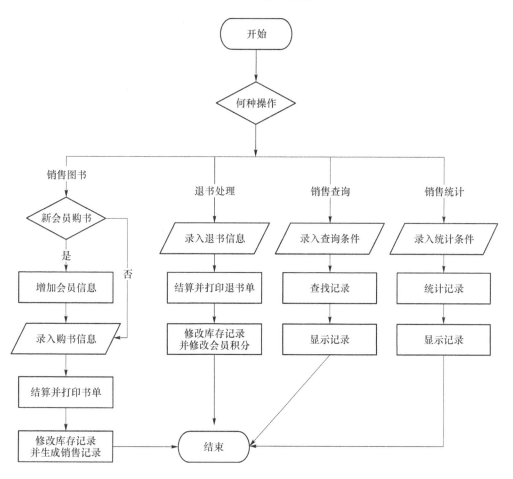

图 5.45 销售管理流程图

图 5.46 用户登录界面

【登录系统】按钮触发的处理：验证用户的合法性，做不同处理。

处理流程：

① 取得用户输入的部门、用户名、密码。

② 加密口令，传送到数据库并与员工信息表进行一致性验证：

    If 部门 and 登录名 and 密码完全匹配

        以相应部门身份进入系统主控界面获得相应的权限

    Else

        提示"登录失败"

（2）主界面

主界面是进入系统后的主控界面，通过主界面的主菜单集中各自功能模块，用户在该模块中通过选择菜单进入到相应的子模块。主界面设计如图 5.47 所示。

图 5.47 系统主界面

系统主界面菜单设计如表5.13所示。

表5.13 系统菜单

一级菜单	基础信息管理	采购管理	销售管理	库存管理	系统管理	帮助	退出
二级菜单	书目信息	采购图书	退书处理	图书入库	系统备份		
	供应商信息	采购查询	图书销售	图书出库	系统还原		
	会员信息	采购统计	销售查询	库存预警设置	员工信息管理		
			销售统计	库存查询			

每个菜单调用相应的模块,如【书目信息】调用书目信息管理模块。

(3)员工信息管理(如图5.48所示)

图5.48 员工信息管理

主要算法:

【保存】按钮触发处理:用于保存新增或修改的数据。

处理流程:

① 从文本框中获得各字段值。

② 存入员工信息表:

    If 数据正确提交

        显示"数据保存成功"

    Else

        显示"数据保存失败"

【取消】按钮触发处理:清空输入文本框但未保存的值。

【添加】按钮触发处理:清空当前文本框供用户填写。

【修改】按钮触发处理:修改当前信息值。获取当前记录的记录值,填充至文本框,供用户修改。

【删除】按钮触发处理：删除当前记录值。

【查找】按钮触发处理：查找符合条件的记录行。

处理流程：

① 用户选择查询条件，在文本框中输入条件的值。

② 从窗口获得查询条件值。

③ 查找员工信息表。

④ 将查到的数据显示到对话框的控件内。

（4）供应商信息管理（如图 5.49 所示）

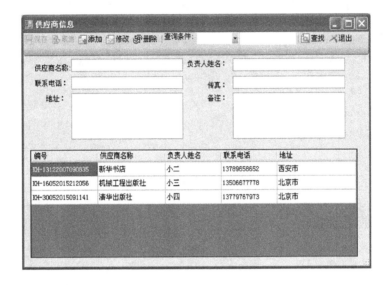

图 5.49　供应商信息管理

主要算法：

【保存】按钮触发处理：保存新增或修改的数据。

处理流程：

① 从文本框中获得各字段值。

② 存入供应商信息表：

    If　数据正确提交

        显示"数据保存成功"

    Else

        显示"数据保存失败"

【取消】按钮触发处理：清空输入文本框但未保存的值。

【添加】按钮触发处理：新增系统用户，清空当前文本框供用户填写。

【修改】按钮触发处理：修改当前信息值。获取当前记录的记录值，填充至文本框，供用户修改。

【删除】按钮触发处理：删除当前记录值。

【查找】按钮触发处理：查找符合条件的记录行。

处理流程：

① 用户选择查询条件,在文本框中输入条件的值。

② 从窗口获得查询条件值。

③ 查找商品信息表。

④ 将查到的数据显示到对话框的控件内。

（5）会员信息管理(如图 5.50 所示)

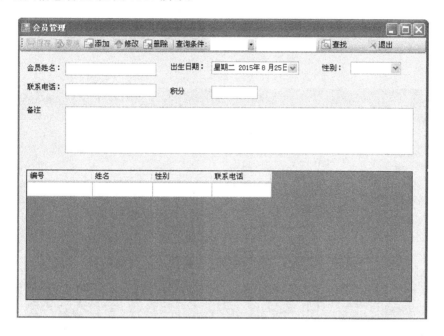

图 5.50　会员信息管理

其按钮的作用和控制流程与供应商信息管理类似。

积分兑换物品的处理流程：

① 选择需要兑换的会员记录行,单击【修改】按钮。

② 在兑换物品积分的文本框内输入消耗的积分值。

③ 单击【保存】按钮：

    If　兑换的积分值高于实际拥有的积分值

        提示"兑换失败"

    Else

        会员的积分值减去兑换物品的积分值

        提示"兑换成功"

（6）库存查询(如图 5.51 所示)

【查询】按钮触发处理：查找符合条件的记录行。

（7）图书采购信息管理(如图 5.52 所示)

【增加新书目录】按钮触发处理：用来调用基础信息管理中的书目管理窗口,完成新书的录入,便于后面的新书采购。

图书采购流程：

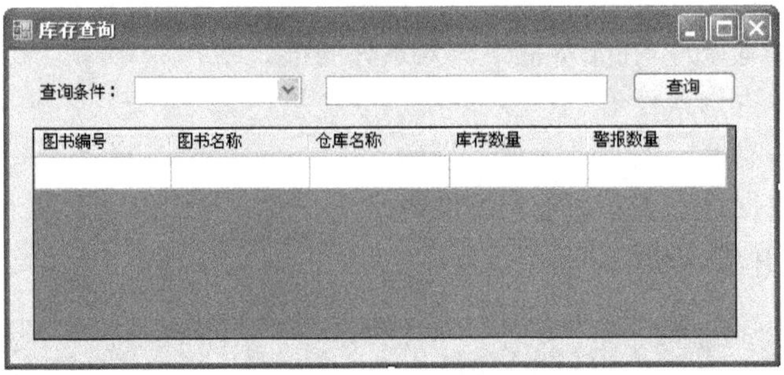

图 5.51　库存查询

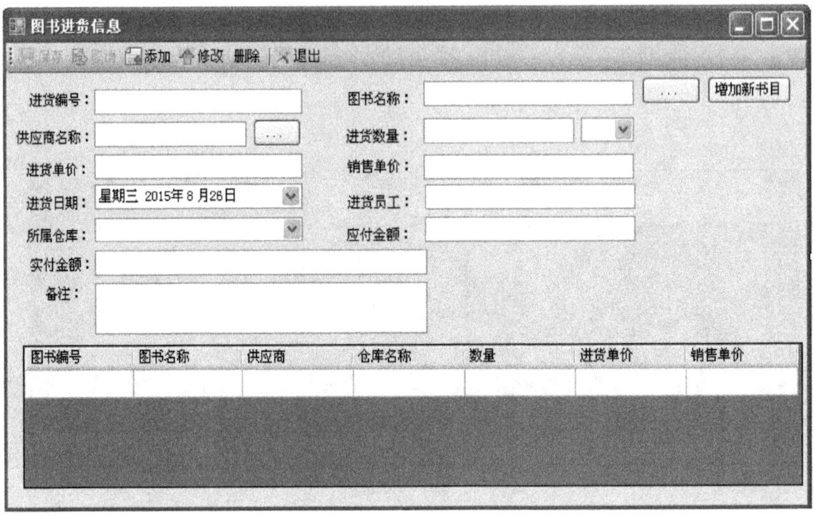

图 5.52　图书采购管理

① 旧书采购

- 获取用户各字段值。
- 存入库存信息表：

  If　数据正确提交

   显示"数据保存成功"

  Else

   显示"数据保存失败"

② 新书采购

- 调用书目管理窗口录入新书。
- 后续流程同旧书采购。

（8）图书销售（如图 5.53 所示）

主要算法：

【保存】按钮触发处理：用于保存新增或修改的销售数据。

处理流程：

① 从文本框中获得各字段值。

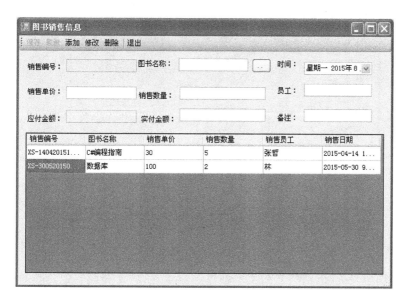

图 5.53 图书销售管理

② 存入销售信息表,修改库存表的相应商品的库存值,某商品库存数量=库存数量-当前销售数量。

  If 数据正确提交

    显示"数据保存成功"

  Else

    显示"数据保存失败"

【取消】按钮触发处理:清空输入文本框但未保存的值。

【添加】按钮触发处理:清空当前文本框供用户填写,应付金额=销售单价*销售数量,应付金额值自动填充到文本框。

【修改】按钮触发处理:修改当前信息值。获取当前记录的记录值,填充至文本框,供用户修改。

【删除】按钮触发处理:删除当前销售记录值。

【退出】按钮触发处理:退出图书销售界面。

(9)图书退货处理(如图 5.54 所示)

【保存】按钮触发处理:保存新增或修改的退书数据记录。

处理流程:

① 从文本框中获得各字段值。

② 存入退书信息表,修改库存表的相应商品的库存值,某商品库存数量=库存数量+当前退书数量。

  If 数据正确提交

    显示"数据保存成功"

  Else

    显示"数据保存失败"

【取消】按钮触发处理:清空输入文本框但未保存的值。

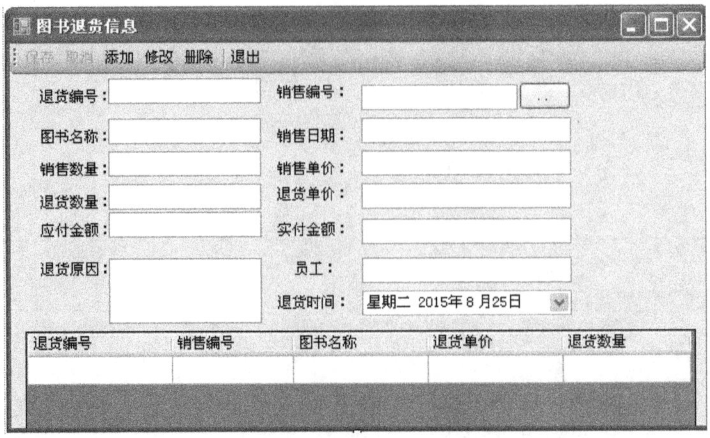

图 5.54 图书退货处理

【添加】按钮触发处理：清空当前文本框供用户填写，应付金额＝退货单价＊退货数量，应付金额值自动填充到文本框。

【修改】按钮触发处理：修改当前信息值。获取当前记录的记录值，填充至文本框，供用户修改。

【删除】按钮触发处理：删除当前销售记录值。

【退出】按钮触发处理：退出图书退货界面。

（10）销售统计（如图 5.55 所示）

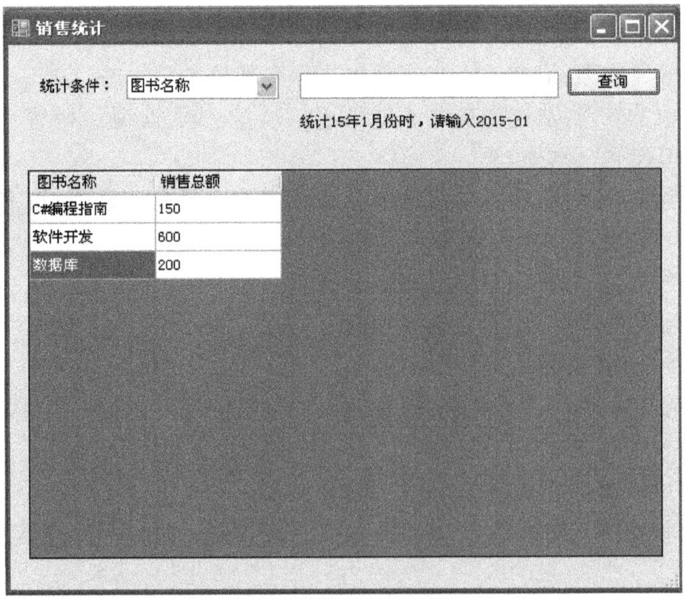

图 5.55　销售统计

【查询】从图书销售记录表中查找符合条件的记录行统计值。

（11）库存查询（如图 5.56 所示）

【查询】从库存信息表中查找符合条件的记录行值。

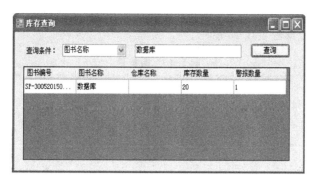

图 5.56　库存查询

（12）库存预警设置（如图 5.57 所示）

图 5.57　库存预警设置

【设置】按钮触发处理：获取当前文本框内的警报数量的记录值，修改库存信息表的库存
预警信息值。

（13）数据备份（如图 5.58 所示）

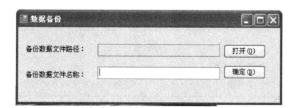

图 5.58　数据备份

（14）数据还原（如图 5.59 所示）

图 5.59　数据还原

2. 单据设计

单据设计如表 5.13～表 5.16 所示。

表 5.13　购物单

××书店购物单
收营员：　　　　会员号：　　　　累计积分：
门店地址：××　　　　门店电话：××
书名　　单价　　数量　　合计　　实收
总价：　　　　折让：　　　　实收：
购买时间：×年×月×日
请妥善保存单据,如有质量问题持此单据7日内退换,谢谢光临!

表 5.14　退书单

××书店退货单
收营员：　　　　会员号：　　　　累计积分：
门店地址：××　　　　门店电话：××
书名　　单价　　数量　　实付　　实退
退款合计：　　　　折旧：　　　　实退：
购买时间：×年×月×日
退书时间：×年×月×日

表 5.15　入库单

入库单
供应商：××　　　　入库单号：××
入库单位：采购部　　　　入库日期：×年×月×日

序号	图书编号	图书名称	数量	单价	总价
合计					

备注：

入库人：

表 5.16 出库单

出库单					
供应商：××			出库单号：××		
出库原因：××			出库日期：×年×月×日		
序号	图书编号	图书名称	数量	单价	总价
合计					

备注：

出库人：

5.6 系统集成测试计划书

依据本书第 4 章第 4.4 节制订测试计划中集成测试的内容，编写书务管理系统集成测试计划书如下。

5.6.1 引言

1. 编写目的

本计划书是描述书店书务管理系统集成测试的大纲文章，主要描述如何进行集成测试活动，如何控制集成测试活动，集成测试活动的流程以及集成测试活动的工作安排。本计划书主要的读者对象是项目负责人、集成部门经理、集成测试设计师。

2. 背景

项目名称：书店书务管理系统集成测试。

3. 范围

本次测试计划主要是针对软件的集成测试；不含硬件、系统测试，以及单元测试（需要已经完成单元测试）。

主要的任务：

① 测试在把各个模块连接起来的时候，穿越模块接口的数据是否会丢失；

② 测试各个子功能组合起来，能否达到预期要求的父功能；

③ 一个模块的功能是否会对另一个模块的功能产生不利的影响；

④ 全局数据结构是否有问题；

⑤ 单个模块的误差积累起来，是否会放大，从而达到不可接受的程度。

主要测试方法是：使用黑盒测试方法测试集成的功能，并且对以前的集成进行回归测试。

4. 定义

软件测试：软件测试是根据软件开发各阶段的规格说明和程序的内部结构而精心设计

一批测试用例,并利用这些测试用例运行软件,以发现软件错误的过程。

测试计划:测试计划是指对软件测试的对象、目标、要求、活动、资源及日程进行整体规划,以保证软件系统的测试能够顺利进行的计划性文档。

测试用例:测试用例指对一项特定的软件产品进行测试任务的描述,体现测试方案、方法、技术和策略的文档;内容包括测试目标、测试环境、输入数据、测试步骤、预期结果、测试脚本等。

测试环境:测试环境指对软件系统进行各类测试所基于的软、硬件设备和配置。一般包括硬件环境、网络环境、操作系统环境、应用服务器平台环境、数据库环境以及各种支撑环境等。

5. 参考资料

《软件测试》。

5.6.2　测试项目

本测试是书店书务管理系统的集成测试,建立在开发组程序员开发完自己的测试以及开发组测试的基础之上。

5.6.3　被测特性

1. 操作性测试

主要测试操作是否正确,有无误差,分为两部分。

(1) 返回测试

由主界面逐级进入最终界面,单击返回键逐级返回,检查返回时屏幕聚焦是否正确。

例如:

① 进入"登录管理";

② 进入"基本信息管理";

③ 进入"书目信息";

④ 单击返回键返回,检查当前聚焦是否为"基本信息管理";

⑤ 单击返回键返回,检查当前聚焦是否为"登录管理"。

(2) 进入测试

由主界面逐级进入最终界面,单击返回主界面键返回主界面,再次进入,检查是否聚焦正确。

例如:

① 进入"登录管理";

② 进入"基本信息管理";

③ 进入"书目信息";

④ 单击返回主界面键返回主界面;

⑤ 当前聚焦是否为"登录管理";

⑥ 进入"登录管理",当前聚焦是否为"基本信息管理"。

2. 功能测试

测试书店书务管理系统中每个应用的功能是否正确。

(1) 软件集成顺序

自顶向下,先顶系统,再子系统。

第一部分:总图(如图5.60所示)

采用自顶向下增量式测试。

步骤如下:

① 以A为主模块兼驱动模块,而所有直属于主模块下属模块全部用桩模块替换,并对主模块进行测试。

② 采用深度优先遍历的测试方式,用实际模块替换相应的桩模块,在用桩代替他们的直接下属模块,从而与已经测试的模块或子系统组装成新的子系统。

③ 进行回归测试排除组装过程中的错误可能性。

④ 判断是否所有模块都已经组装到了系统中,如果是,结束测试,否则转到步骤②执行。

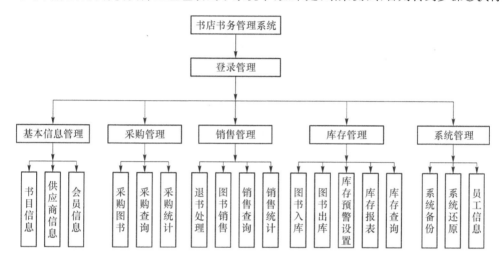

图5.60 系统功能层次结构图

假设:书店书务管理系统:A   登录管理:B   基本信息管理:C

采购管理:D   销售管理:E   库存管理:F

系统管理:G

深度优先的顺序为:A→B→C→D→E→F→G,如图5.61所示。

测试小组成员:第一组全体组员。

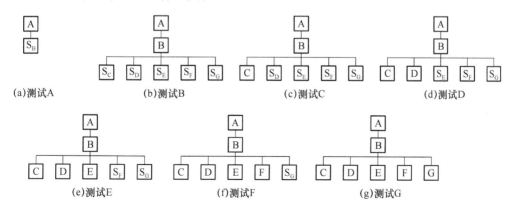

图5.61 集成顺序

第二部分:基础信息管理模块(如图5.62所示)

采用自顶向下增量式测试。

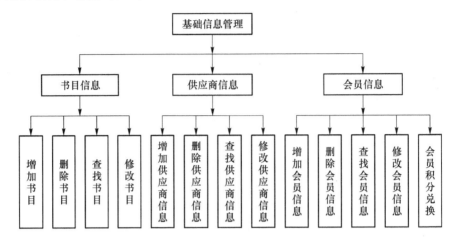

图 5.62　基础信息管理模块

假设:基础信息管理:A　　书目信息:B　　供应商信息:C　　会员信息:D

增加书目:E　　　　删除书目:F　　查找书目:G　　修改书目:H

增加供应商信息:I　　删除供应商信息:J　　查找供应商信息:K

修改供应商信息:L　　增加会员信息:M　　　删除会员信息:N

查找会员信息:O　　　修改会员信息:P　　　会员积分兑换:Q

深度优先的顺序为:A→B→E→F→G→H→C→I→J→K→L→D→M→N→O→P→Q,
如图5.63所示。

测试小组成员:第二组全体组员。

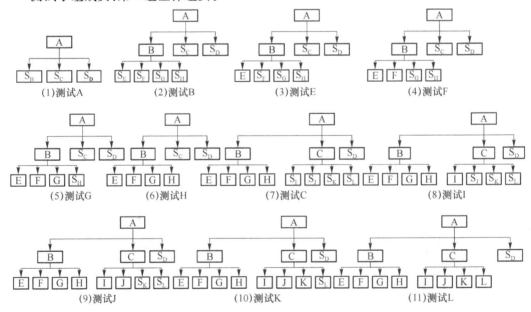

图 5.63　集成顺序

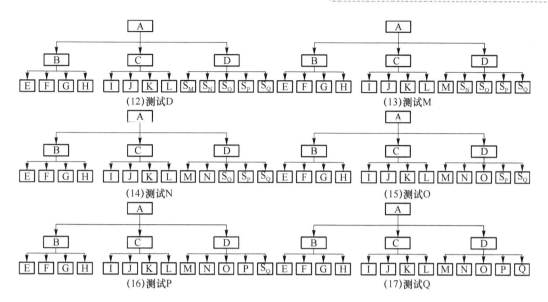

(12)测试D　　　　　　　　　　　　　　　(13)测试M

(14)测试N　　　　　　　　　　　　　　　(15)测试O

(16)测试P　　　　　　　　　　　　　　　(17)测试Q

图5.63　集成顺序(续图)

第三部分:采购管理模块(如图5.64所示)

采用自顶向下增量式测试。

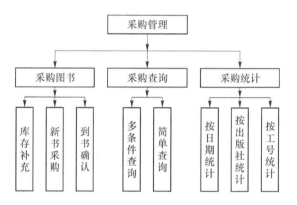

图5.64　采购管理模块

假设:采购管理:A　　　采购图书:B　　　采购查询:C　　　　采购统计:D

　　　库存补充:E　　　新书采购:F　　　到书确认:G　　　　多条件查询:H

　　　简单查询:I　　　按日期统计:J　　　按出版社统计:K　　　按工号统计:L

深度优先的顺序为:A→B→E→F→G→C→H→I→D→J→K→L,如图5.65所示。

测试小组成员:第三组全体组员。

第四部分:库存管理模块(如图5.66所示)

采用自顶向下增量式测试。

假设:库存管理:A　　　图书入库:B　　　图书出库:C　　　　库存预警设置:D

　　　库存查询:E　　　库存报表:F　　　多条件查询:G　　　简单查询:H

　　　按日期统计:I　　　按出版社统计:J　　　缺货统计:K

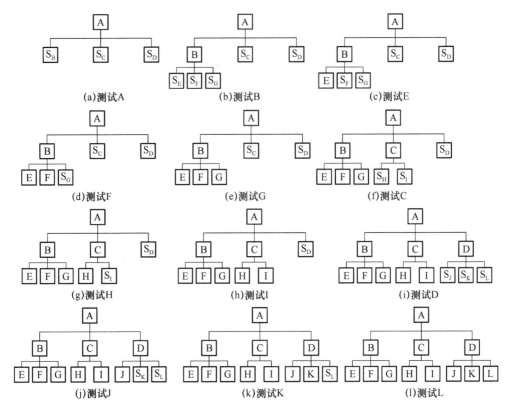

图 5.65 集成顺序

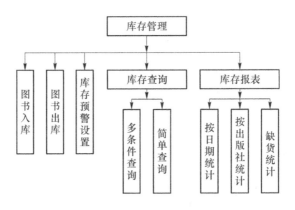

图 5.66 库存管理模块

 请读者画出库存管理模块采用自顶向下增量式集成测试的集成顺序图。

深度优先的顺序为:A→B→C→D→E→G→H→F→I→J→K。

测试小组成员:第四组全体组员。

第五部分:销售管理模块(如图 5.67 所示)

采用自顶向下增量式测试。

假设:销售管理:A   图书销售:B   销售查询:C   销售统计:D

图书销售:E　　　　退书处理:F　　　　多条件查询:G　　　　简单查询:H

按日期统计:I　　　按出版社统计:J　　　按工号统计:K　　　按销量统计:L

 请读者画出销售管理模块采用自顶向下增量式集成测试的集成顺序图。

深度优先的顺序为:A→B→C→D→E→F→G→H→I→I→K→L。

测试小组成员:第五组全体组员。

第六部分:系统管理模块

采用自顶向下增量式测试。

假设:系统管理:A　　　供应商信息:B　　　会员信息:C　　　员工信息管理:D

增加员工信息:E　删除员工信息:F　查找员工信息:G　修改员工信息:H

 请读者画出系统管理模块采用自顶向下增量式集成测试的集成顺序图。

深度优先的顺序为:A→B→C→D→E→F→G→H。

测试小组成员:第六组全体组员。

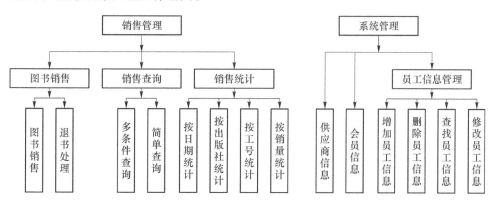

图 5.67　销售管理模块　　　　　　　图 5.68　系统管理

3. 性能测试

疲劳性测试:测试连续运行两个星期不退出系统,每天去运行一次应用,看系统的稳定性。

5.6.4　测试方法

(1)书写测试计划。

(2)审核测试计划,未通过返回第(1)步。

(3)书写测试用例。

(4)审核测试用例,未通过返回第(3)步。

(5)测试人员按照测试用例逐项进行测试活动,并且将测试结果填写在测试报告上(测试报告必须覆盖所有测试用例)。

(6)测试过程中发现 bug,将 bug 填写在 bugzilla 上发给集成部经理(bug 状态 NEW)。

(7)集成部经理接到 bugzilla 发过来的 bug:

① 对于明显的并且可以立刻解决的 bug,将 bug 发给开发人员(bug 状态 ASSIGNED);

② 对于不是 bug 的提交,集成部经理通知测试设计人员和测试人员,对相应文档进行修改(bug 状态 RESOLVED,决定设置为 INVALID);

③ 对于目前无法修改的,将这个 bug 放到下一轮次进行修改(bug 状态 RESOLVED,决定设置为 REMIND)。

(8) 开发人员接到发过来的 bug 立刻修改(bug 状态 RESOLVED,决定设置为 FIXED)。

(9) 测试人员接到 bugzilla 发过来的错误更改信息,应该逐项复测,填写新的测试报告(测试报告必须覆盖上一次中所有 REOPENED 的测试用例)。

(10) 如果复测有问题,返回第(6)步(bug 状态 REOPENED)。

(11) 否则关闭这项 BUG(bug 状态 CLOSED)。

(12) 本轮测试中测试用例有 95% 一次性通过测试,结束测试任务。

(13) 本轮测试中发现的错误有 98% 经过修改并且通过再次测试(即 bug 状态 CLOSED),返回第(5)步进行新的一轮测试。

(14) 测试任务结束后书写测试总结报告。

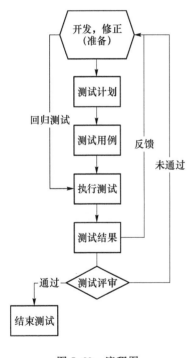

图 5.69　流程图

(15) 正规测试结束进入非正规测试,首先是 ALPHA 测试,请公司里其他非技术人员以用户角色使用系统。若发现 bug,则通知测试人员,测试人员以正规流程处理 bug 事件。

(16) 然后是 BETA 测试,请用户代表进行测试。若发现 bug,则通知测试人员,测试人员以正规流程处理 bug 事件。

几点说明:

① 测试回归计划为三次;

② 测试用例应该写得比较详尽,步骤一定要标明清楚(应该包括:编号、测试描述、前置条件、测试步骤以及测试希望结果);

③ 对于测试人员觉得应该进行的测试项目,测试人员应该报告测试设计人员,完善和健全测试用例;

④ 测试报告与测试用例分开,测试报告标明测试用例序号以及是否通过 Y/N;

⑤ 对于集成部经理无法决定的上交项目负责人决定;

⑥ 性能测试中的疲劳性测试可以结合在功能测试部分,即测试期间不关闭系统;

⑦ 性能测试中的大容量数据测试放在测试后部分轮次(第(2)步,只需要进行一次)。

5.6.5　测试通过标准

测试结果与测试用例中期望的结果一致,测试通过,否则标明测试未通过。

测试结果审批过程如下。

（1）测试回归申请结束

① 测试人员提出申请这轮测试结束，提交集成部经理；

② 集成部经理召集本组人员开会讨论；

③ 讨论通过，进行下一轮测试，并且部署下一轮测试的注意事项、流程等内容；

④ 如果发现这轮测试目前还存在问题没有解决，延期下一轮测试时间，讨论下一步工作应该如何进行。

（2）测试结果申请结束

① 测试人员提出申请测试结束，提交集成部经理；

② 集成部经理召集本组人员开会讨论：

• 讨论通过，结束测试任务；

• 如果发现目前测试还存在问题没有解决，延期测试结束时间，并且讨论下一步工作应该如何进行。

5.6.6　测试挂起和恢复条件

1. 挂起条件

① 进入第一轮测试，测试人员大体了解一下产品情况，如果在一小时之内发现 5 个以上（含 5 个）操作性错误，或者 3 个以上（含 3 个）功能性错误，退回测试组测试；

② 遇到有项目优先级更高的集成测试任务；

③ 遇到有项目优先级更高的集成任务；

④ 在测试复测过程中发现产品无法运行下去；

⑤ 人员、设备不足。

2. 恢复条件

① 符合进入集成测试条件〔一小时之内发现 5 个以下（不含 5 个）操作性错误，或者 3 个以下（不含 3 个）功能性错误〕；

② 项目优先级更高的集成测试任务暂告完成；

③ 项目优先级更高的集成任务暂告完成；

④ 复测过程中产品可以运行下去；

⑤ 人员、设备到位。

5.6.7　应提供的测试文件

① 测试计划书；

② 测试用例；

③ 测试报告；

④ 测试总结。

5.6.8　测试任务

① 制订审核测试计划；

② 制订和审核测试用例；

③ 进行测试活动；

④ 书写测试报告(如表 5.17 所示)。

表 5.17　测试任务表

活动	输入	输出	职责
制订集成测试计划	设计模型 集成构建计划	集成测试计划	制订测试计划
设计集成测试	集成测试计划 设计模型	基础测试用例 测试过程	集成测试用例 测试过程
实施集成测试	集成测试用例 测试过程 工作版本	测试脚本 测试过程 测试驱动	编制测试代码 更新测试过程 编制驱动或桩
执行集成测试	测试脚本 工作版本	测试结果	测试并记录结果
评估集成测试	集成测试计划 测试结果	测试评估摘要	会同开发人员评估测试结果,得出测试报告

5.6.9　测试环境需求

1. 硬件需求

一般配置。

2. 软件需求

浏览器:IE&Firefox。

输入习惯:中文。

操作系统环境:Windows 7。

3. 测试工具

测试中心平台:Bug Free。

性能测试工具:360WebTest。

集成测试工具:Selenium。

其他:Excel、Microsoft Visio。

4. 测试需要的条件

(1) 需要的文档

① 用户手册；

② 应用手册；

③ 安装说明。

(2) 需要完成的任务

① 程序员本人测试；

② 测试组完成测试。

5.6.10 角色和职责

① 集成(测试)经理:控制并完成测试任务和测试过程,决定测试人员提交上来的 bug 是否需要修改。

② 测试设计人员:书写集成测试用例。

③ 测试人员:按照测试用例进行测试活动。

④ 开发人员:MHP 程序 bug 修改。

⑤ 用户代表:进行 BETA 测试。

5.6.11 测试进度

测试计划:8 个工作日。

测试设计:60 个工作日。

测试执行总共进度:30 个工作日。

每次回归进度:10 个工作日。

测试报告:2 个工作日。

5.6.12 记录和解决问题

记录问题:利用 BugFree 平台记录 bug,并制定相关责任人。更进一步,把 BugFree 和需求设计文档、开发文档、测试文档、测试用例等联系起来,做成一个软件研发工具套件,即可通过一个 bug 方便找到对应的文档、代码、测试用例等。

解决问题:小组会议以及开发人员协调负责人,协调测试开发工作。

5.6.13 重新测试程序

测试完成后,提交无重大 bug 发生,或者无明显的功能性错误。导致系统无法使用或者影响重大的,立即返回重新测试。

另外,当发布重要补丁、重要版本更新时(大规模改动),连带原来的系统一起重新审核重新测试。

5.7 系统验收测试计划书

依据本书 4.4 节制订的测试计划、本书 4.6.5 小节验收测试的内容,编写书务管理系统验收测试计划书如下。

5.7.1 简介

1. 目的

用于描述书店书务管理系统开发项目验收测试的测试标准、进行的主要测试类项以及要达到测试目的。如针对验收测试的标准进行功能符合性测试、数据准确性测试、开发环境下测试(α测试)、运行环境下测试(β测试)、性能测试、回归测试等,目的是验证各功能模块是否符合需求规格说明书或用户需求描述的功能和技术要求。

2. 背景

本产品用于书店书务管理系统,分为五个功能模块:信息管理、采购管理、销售管理、库存管理、系统管理等功能,适用于大中型书店,不适用于小型书店。

3. 测试内容

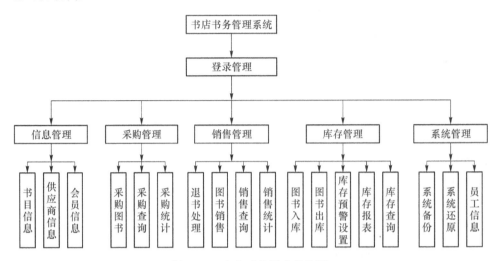

图 5.70　书务系统层次结构图

5.7.2　任务概述

1. 目标

本测试主要是为测试书店书务管理系统中的各个功能模块是否满足用户需求,并测试是否存在 bug。预期达到能够使系统进行快速的改进和系统的提高。为了在软件投入生产性运行之前,尽可能多地发现软件的错误,从而提高软件运行的稳定性和提高用户体验。

2. 测试环境

测试环境如表 5.18 所示。

表 5.18　测试环境表

资源	名称/类型	软件环境
数据库服务器 数据库名称 服务器名称 网络或子网		
客户端测试 PC 包括特殊的配置要求		
测试存储库 服务器名称		
测试开发 PC		

3. 条件与限制

设备类型、数量和预订使用时间。

5.7.3 验收项目和验收标准

1. α测试和β测试

α测试是在升发环境下或者公司内部的用户在模拟实际操作环境下,由用户参与的测试,其测试目的主要是评价软件产品的功能、可使用性、可靠性、性能等,特别是对于软件的界面和使用方法的测试。

测试时记录表如表5.19所示。

表 5.19 α测试记录表

开发环境					
操作/测试周期	1	2	3	4	5
编译					
反编译					
执行					
终止执行					
日期					
测试负责人					

β测试是在实际使用的环境下进行的测试。与α测试不同,开发者通常不在测试现场。在β测试中,由用户记下遇到的所有问题,包括真实的以及主观认定的,定期向开发者报告,开发者在综合用户的报告之后做出修改,最后将软件产品交付给全体用户使用。β测试着重于产品的支持性,包括文档、客户培训和支持产品生产能力。只有当α测试达到一定程度时,才能开始β测试。

测试时记录表如表5.20所示。

表 5.20 β测试记录表

测试周期/测试用机	1	2	3	4	5
测试机1					
测试机2					
…					
日期					
测试负责人					

2. 回归测试

回归测试是一种验证已变更系统的完整性与正确性的测试技术,是指重新执行已经做过的而测试的某个子集,以保证修改没有引入新的错误或者发现由于更改而引起的之前未发现的错误,也就是保证改变没有带来非预期的副作用。

回归测试用例选择：

（1）选择全部测试用例。

（2）基于风险选择测试用例。

（3）基于操作剖面选择测试用例。

（4）再测试修改部分。

回归测试的两个策略：

（1）完全重复测试。

（2）选择性重复测试。

回归测试的流程：

（1）在测试策略制订阶段，制订回归测试策略。

（2）确定回归测试版本。

（3）回归测试版本发布，按照回归测试策略执行回归测试。

（4）回归测试通过，关闭缺陷跟踪单。

（5）回归测试不通过，缺陷单返回开发人员，等重新修改，再次做回归测试。

3．功能项测试

基本信息数据库：保存书目，供货商，会员，员工信息。基本信息数据库测试项表如表
5.21所示。

表 5.21　基本信息数据库测试项表

模块	ID	子模块	待测试功能需求点
书目信息1.1	01	增加书目	功能1.1.1完成书目的增加，接收2.1.2消息
	02	删除书目	功能1.1.2完成书目的删除
	03	查找书目	功能1.1.3完成对基本信息数据库书目属性的访问
	04	修改书目	功能1.1.4完成对基本信息数据库书目属性的修改
供应商信息1.2	05	增加供应商	功能1.2.1完成书目的增加，接收2.1.2的消息
	06	删除供应商	功能1.2.2完成供应商的删除
	07	查找供应商	功能1.2.3完成对基本信息数据库供应商属性的访问
	08	修改供应商	功能1.2.4完成对基本信息数据库供应商属性的修改
会员信息1.3	09	增加会员信息	功能1.3.1完成会员的增加
	10	删除会员信息	功能1.3.2完成会员的删除
	11	查找会员信息	功能1.3.3完成对基本信息数据库会员属性的访问
	12	修改会员信息	功能1.3.4完成对基本信息数据库会员属性的修改
	13	积分兑换	功能1.3.5完成积分兑换并扣除会员积分
员工信息1.4	14	增加员工信息	功能1.4.1完成员工的增加
	15	删除员工信息	功能1.4.2完成员工的删除
	16	查找员工信息	功能1.4.3完成对基本信息数据库员工属性的访问
	17	修改员工信息	功能1.4.4完成对基本信息数据库员工属性的修改

采购管理:采购信息被本部件模块访问,部分信息与销售,库存共享。采购管理测试项表如表5.22所示。

表5.22 采购管理测试项表

模块	ID	子模块	待测试功能需求点
采购图书2.1	18	库存补充	功能2.1.1向1.1发送图书入库消息接收4.3的采购消息
	19	新书采购	功能2.1.2向4.1发送图书入库消息,向1.1.1发送增加书目消息,向1.2.1发送增加供货商消息
	20	到书确认	功能2.1.3向采购数据库发送到货消息
采购查询2.2	21	多条查询	功能2.2.1和2.2.2完成对采购数据库的访问,并可选择多条或单条查询
	22	简单查询	
采购统计2.3	23	日期	功能2.3.1和2.3.2对采购数据库访问,并按照日期或出版社排列归纳成表
	24	出版社	
	25	缺货	功能2.3.3对采购数据库访问,并于库存数据库,销售数据库实时更新,并向4.3发送缺货消息

销售管理:销售信息被本部件模块访问,部分信息与采购,库存共享。销售管理测试项表如表5.23所示。

表5.23 销售管理测试项表

模块	ID	子模块	待测试功能需求点
图书销售3.1	26	图书销售	功能3.1.1完成退书并修改销售数据,发送消息给4.1,退返动作
	27	退书处理	功能3.1.2完成销售并修改销售数据,发送消息给4.2,销售动作
销售查询3.2	28	多条查询	功能3.2.1和3.2.2完成对采购数据库的访问,并可选择多条或单条查询
	29	简单查询	
销售统计3.4	30	日期	功能3.3.1~3.3.4对销售数据库访问,并按照日期出版社、工号、销量排列归纳成表
	31	出版社	
	32	工号	
	33	销量	

库存管理:库存信息被本部件模块访问,部分信息与销售,采购共享。库存管理测试项表如表5.24所示。

表5.24 库存管理测试项表

ID	模块	子模块	待测试功能需求点
34	图书入库4.1		功能4.1接收2.1的购入消息和3.1.2的退返消息,并修改数据库
35	图书出库4.2		功能4.2接收3.1.1的售出消息并修改数据库
36	库存预警		功能4.3实时检测库存数据库,接收4.5.3和2.3.3的缺货消息,并及时向2.1.1发送补充消息
37	库存查询4.3	多条查询	功能4.4.1和4.4.2完成对库存数据库的访问,并选择多条或单条查询
38		简单查询	

ID	模块	子模块	待测试功能需求点
39	库存报表4.4	日期统计	功能4.5.1和4.5.2对库存数据库访问,并按照日期或出版社排列归纳成表
40		出版社统计	
41		缺货统计	功能4.5.3对库存数据库访问,与采购数据库、销售数据库实时更新,并向4.3发送缺货消息

系统管理:如表5.25所示。

表5.25　系统管理测试项表

ID	模块	子模块	待测试功能需求点
42	系统管理5.1	系统备份	功能5.1.1备份当前全部数据,管理员功能
43		系统还原	功能5.1.2还原为任意还原点,超级管理员功能

4. 业务流程测试

对软件项目的典型业务流程进行测试。

5. 容错测试

测试连续开机1个月不关机器,每3天去运行一次应用,看系统的稳定性。

容错测试的检查内容包括:

① 软件对用户常见的误操作是否能进行提示;

② 软件对用户的操作错误和软件错误,是否有准确、清晰的提示;

③ 软件对重要数据的删除是否有警告和确认提示;

④ 软件是否能判断数据的有效性,屏蔽用户的错误输入,识别非法值,并有相应的错误提示。

6. 安全性测试

安全性测试的检查内容包括:

① 软件中的密钥是否以密文方式存储;

② 软件是否有留痕功能,即是否保存有用户的操作日志;

③ 软件中各种用户的权限分配是否合理。

7. 性能测试

对软件需求规格说明书中明确的软件性能进行测试。测试的准则是要满足规格说明书中的各项性能指标。

8. 易用性测试

易用性测试的内容包括:

① 软件的用户界面是否友好,是否出现中英文混杂的界面;

② 软件中的提示信息是否清楚、易理解,是否存在原始的英文提示;

③ 软件中各个模块的界面风格是否一致;

④ 软件中的查询结果的输出方式是否比较直观、合理。

9. 适应性测试

按照用户的软、硬件使用环境和需求规格说明书中的规定,列出开发的软件需要满足的软、硬件环境。对每个环境进行测试。

10．文档测试

用户文档包括：安装手册、操作手册和维护手册。对用户文档测试的内容包括：

① 操作、维护文档是否齐全,是否包含产品使用所需的信息和所有的功能模块;

② 用户文档描述的信息是否正确,是否没有歧义和错误的表达;

③ 用户文档是否容易理解,是否通过使用适当的术语、图形表示、详细的解释来表达;

④ 用户文档对主要功能和关键操作是否提供应用实例;

⑤ 用户文档是否有详细的目录表和索引表。

11．验收标准

① 测试用例不通过数的比例<1.5%;

② 不存在错误等级为1的错误;

③ 不存在错误等级为2的错误;

④ 错误等级为3的错误数量≤5;

⑤ 所有提交的错误都已得到更正。

5.7.4　验收测试方法

1．基本信息管理

基本信息管理模块如图5.71所示,基本信息管理测试计划表5.26所示。

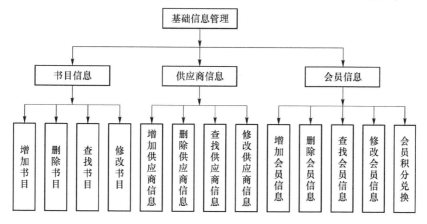

图 5.71　基础信息管理模块

表 5.26　基本信息管理测试计划表

测试模块	基本信息管理
测试目的	测试基本信息管理功能模块是否正常运转
预置条件	基本信息管理功能模块内部正常
测试步骤	(1) 进入基础信息管理系统; (2) 进入书目信息,对增加、删除、查找、修改书目操作进行测试; (3) 进入供应商信息,对增加、删除、查找、修改供应商信息操作进行测试; (4) 进入会员信息,对增加、删除、查找、修改会员信息和会员积分兑换操作进行测试。
预期结果	每项操作都能成功运行
测试结论	通过(　)　　　　未通过(　)
备注	

2. 采购管理

采购管理模块如图 5.72 所示,采购管理测试计划表如表 5.27 所示。

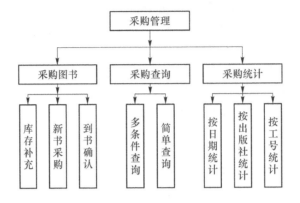

图 5.72 采购管理模块

表 5.27 采购管理测试计划表

测试模块	采购管理
测试目的	测试采购管理功能模块是否正常运转
预置条件	采购管理功能模块内部正常
测试步骤	1. 进入采购管理系统; 2. 进入采购图书,对库存补充、新书采购、到书确认操作进行测试; 3. 进入采购查询,对多条件查询、简单查询操作进行测试; 4. 进入采购统计,对按日期统计、按出版社统计、按工号统计操作进行测试。
预期结果	每项操作都能成功运行
测试结论	通过( )　　　　未通过( )
备注	

3. 销售管理

销售管理模块如图 5.73 所示。

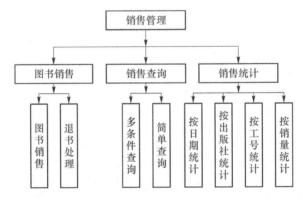

图 5.73 销售管理模块

请读者完善如表5.28所示销售管理模块测试计划表。

表 5.28 销售管理测试计划表

测试模块	销售管理
测试目的	
预置条件	
测试步骤	
预期结果	
测试结论	通过( )　　　　未通过( )
备注	

4. 库存管理

库存管理模块如图5.74所示。

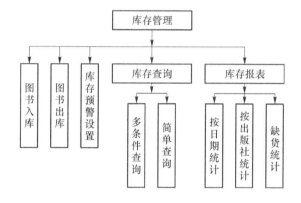

图 5.74 库存管理模块

请读者完善如表5.29所示库存管理模块测试计划表。

表 5.29 库存管理测试计划表

测试模块	库存管理
测试目的	
预置条件	
测试步骤	
预期结果	
测试结论	通过( )　　　　未通过( )
备注	

5. 系统管理

系统管理如图 5.75 所示。

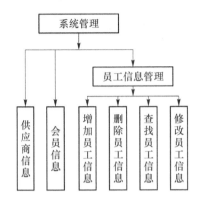

图 5.75　系统管理模块

 请读者完善如表 5.30 所示系统管理模块测试计划表。

表 5.30　系统管理测试计划表

测试模块	
测试目的	
预置条件	
测试步骤	
预期结果	
测试结论	通过(　)　　　　　未通过(　)
备注	

5.7.5　测试策略

1. 功能测试(如表 5.31 所示)

表 5.31　功能测试策略

测试目标:系统正常运行	确保已经验收的工作版本的正确性,能够实现该版本应该具有的功能的正确性以及完整性
技术:集成测试	重用为系统功能测试设计的部分测试用例、部分测试过程,生成测试脚本,实现测试自动化
完成标准:系统运行多次无错误	所计划的测试全部执行。 对以前版本的接口完成了回归测试。 所发现的高优先级缺陷和高等级的缺陷已完全解决
需考虑的特殊事项:考虑数据库的安全性	开发人员应该保证每个后续的版本的基本界面元素都未改变。 考虑测试脚本的重用性以及自动化测试

2. 容错测试(如表 5.32 所示)

表 5.32　容错测试策略

测试目标:系统正常运行	验证异常错误流程能顺利执行,并有易懂的提示信息
技术:验收测试	包含在上述功能及 α、β 和回归的测试用例设计中
完成标准:系统运行多次无错误	对每一个非法的操作显示相应的错误信息或警告信息
需考虑的特殊事项:考虑数据库的安全性	

3. 回归测试(如表 5.33 所示)

表 5.33　回归测试策略

测试目标:系统正常运行	确保前一个版本并未因为新版本的增量集成而带来缺陷
技术:验收测试	在新的版本中使用前一个版本的自动化测试脚本执行自动化测试
完成标准:系统运行多次无错误	前一个版本的所用测试用例已全部执行。 所发现的缺陷已全部解决
需考虑的特殊事项: 考虑数据库的安全性	开发人员应该保证每个后续的版本的基本界面元素都未改变。 考虑测试脚本的重用性以及自动化测试

5.7.6　应提供的测试文件

① 测试计划书;
② 测试用例;
③ 测试报告;
④ 测试总结。

5.7.7　测试任务

① 制订审核测试计划;
② 制订和审核测试用例;
③ 进行测试活动;
④ 书写测试报告。

5.7.8　测试资源

1. 人力需求(如表 5.34 所示)

表 5.34　人力需求表

角色	人员	具体职责
测试经理		进行管理监督。 职责: 　提供技术指导 　获取适当的资源 　提供管理报告

续表

角色	人员	具体职责
测试设计员	测试员	确定测试用例、确定测试用例的优先级并实施测试用例。 职责： 　　生成测试计划 　　生成测试模型 　　评估测试工作的有效性
测试员	测试系统管理员	执行测试。 职责： 　　执行测试 　　记录结果 　　从错误中恢复 　　记录变更请求
测试系统管理员	数据库管理员	确保测试环境和资产得到管理和维护。 职责： 　　管理测试系统 　　分配和管理角色对测试系统的访问权
数据库管理员	测试设计员	确保测试数据(数据库)环境和资产得到管理和维护。 职责： 　　管理测试数据(数据库)

2. 硬件需求(如表 5.35 所示)

表 5.35　硬件需求表

	资源	名称/类型
硬件和网路环境	数据库服务器	
	网络或子网	内部局域网
	服务器名称	
	数据库名称	
	用户端测试 PC	
	包括特殊的配置需求	
	测试数据存储库	\\JJJ\Test\Data
	网络或子网	内部局域网
	服务器名称	\\JJJ
	测试开发 PC	\\03824-1,\\02194-2,\\02336

3. 软件需求(如表5.36所示)

表 5.36 软件需求表

	DBMS	
	中间件	
软件环境	AppServer	
	浏览器	
	其他	

4. 测试工具

5. 测试进度(如表5.37所示)

表 5.37 测试进度表

编号	任务	工作量(人日)	开始日期	结束日期
	制订测试计划	$N * M$		
	设计测试用例			
	执行测试(第1轮)			
	执行测试(第2轮)			
	...			
	执行测试(第 N 轮)			
	最后一轮回归测试			
	对测试进行评估			

合计工作量

6. 测试风险(如表5.38所示)

表 5.38 测试风险表

风险编号	风险描述	风险发生可能性(高、中、低)	风险的影响程度(高、中、低)	责任人	规避方法
1	设备不到位	高	中		加紧设备购买
2	人员不到位	高	高		调配新的人员
3	开发人员开发频频出错	低	高		通知开发部门,商量策略
4	其他原因	低	低		

第6章　面向对象开发案例——
云环境下高校网络教辅系统

本章是在读者已经学完前面第 3 章,对面向对象、UML 等领域内容已有一定了解的基础上进行的。本章将通过一个完整的且为大众熟悉的应用型案例——云环境下高校网络教辅平台的设计与实现,展示将面向对象法应用于实际系统开发的流程,以帮助读者更好地理解面向对象法与面向过程法的区别,以及如何使用 UML 进行面向对象的分析与设计。

6.1　案例简介

目前,高校大部分课程仍然采用传统的教学方式,教师多以黑板板书结合多媒体课件进行课堂教学,而学生需要在课堂上手抄笔记记录教学内容,或者课下通过 QQ 群和现场 U 盘复制等方式获取学习资料,再有,课程作业依然采用纸质作业本,这种传统的教学方式有很多弊端,如教学资源的共享效率低下,学生无法通过更多的渠道来获取课程资源,课后有问题亦不能有效地与教师沟通,让问题得以及时解决等。随着互联网的发展,借助网络来进行各种教学与学习已经成为一种新的必然的趋势。很多大学都建立了自己的在线网络教辅系统,打破时间与地域的束缚,促进了老师与学生的交流以及学习资料的共享。

另一方面,随着云计算技术的成熟,应用范围的逐渐扩散,采用云平台来构建系统可以显著地节省人力和硬件设备等经费成本的投入,降低教师的信息技术培训成本以及门槛,方便学校的教育信息化管理,提高信息和数据的安全性可靠性。因此,在此背景下提出构建云环境下的高校网络教辅系统。

云环境下的高校网络教辅系统,是一部署在新浪 SAE 云端的在线学习系统,克服了传统教学及学习的种种弊端,通过建立在线开放式学习平台,来辅助传统的教与学,将线上学习与线下课堂学习有效地融为一体,有利于提升教学及学习质量,具体表现在:第一,有效实现教学资源的共享,教师只需要一键将教学视频、授课 PPT、课后习题与答案等上传到平台,学生则不再需要下课后拿着 U 盘排队复制教师的资料,在平台上自由下载即可;第二,更有助于促进师生交流,提高学习效率,学生若有不能解决的问题,可以及时在网上在线提问,这不仅能让学生的学习疑问得到及时的解决,而且能让教师第一时间了解学生对课程的掌握情况,从而及时调整教学进度及教学方法;第三,除了学校统一为学生事先制订好的学习课程外,学生还可以自行根据自己喜好在平台上选择其他课程学习或者对已有课程进行再学习;第四,课程的开展时间及地点不再受限,更为灵活,教师在空闲时间制作教学视频、收集教学资料并上传,学生只需要一台电脑接入云平台就可以随时随地来学习。

6.2　面向对象分析

　　本节参照第 3 章第 4 节,首先分析系统的功能需求,在此基础上,按照功能内聚特点,将系统划分成多个功能独立的子系统,再对每个子系统展开详细分析,并建立用例模型,然后借助活动图描述各个子系统的业务流程,最后对子系统的每个用例的事件流进行详细描述。

6.2.1　系统的功能需求分析

　　本小节将从不同用户的角度来分析网络教辅系统的功能需求,系统用户主要有学生、教师和管理员。

　　(1)学生的功能需求

　　学生登录系统后,进行在线学习相关功能,详细介绍如下。

　　浏览课程:学生可以根据关键字搜索自己感兴趣的课程,并浏览该课程的基本信息,如课时、授课教师、上传时间等。

　　在线学习:学生根据自己的学习进度选择课程相关学习资料进行在线学习,查看平台上的课件内容,学习新知识,巩固旧知识,此外学生还可以选择关注该课程,便于下一次学习时能快速地检索到该课程。

　　下载资料:学生可以在平台上根据自己的需求下载所需的学习资料,如课程学习视频、教案、课件 PPT、习题、课程相关软件等。

　　作业管理:学生定期地完成教师所布置的作业,交由课代表,然后课代表负责在线提交本班所有作业,待教师批改好后,将结果在线反馈给每个学生。

　　学习交互:如果学生对课程的学习存在任何疑问,可以直接在平台上提问老师,与老师进行在线交流。

　　课程评价:学生在完成某课程的学习之后,可以对当前课程做出自己的评价,给出一个评分。

　　个人信息维护:学生进入平台后,通过注册功能,添加自己的个人信息,后续还可以完善个人信息,修改登录密码。

　　(2)教师功能需求分析

　　教师登录系统后,主要负责课程学习资源管理等相关功能,详细介绍如下。

　　在线课堂:教师负责更新平台上的课程教学资源,使得学生可以学习新知识,复习旧内容。

　　文件上传:教师将所授课程的教学视频、课件、教案、教学软件等上传至平台。

　　资源下载:同学生一样,教师也可从平台上下载所需的课程资料。

　　作业管理:教师根据课程进度,适时在平台上给学生下达相应的作业,收到学生上传的作业后,进行在线批阅,并将批阅后的作业重新上传至平台,供学生下载查看。

　　师生互动:教师可以查看自己所授课程的所有学生提问,并做出解答,与学生进行在线互动。

　　个人信息维护:教师以事先分配的账号进入平台后,可以完善个人信息,修改登录密码。

（3）管理员功能需求分析

系统管理员的主要职责：一是系统数据字典、数据库等的维护工作；二是负责教师账户的创建与维护，所有教师账号均由管理员统一分配；三是添加及维护各个院系的信息，并指定每一个院系的负责人；四是管理系统的公告通知。

6.2.2 划分子系统

根据前面的功能需求，可以将本系统划分为四个子系统，分别为用户管理子系统、学习资源管理子系统、课程学习子系统和后台公共数据管理子系统。图 6.1 给出了这些子系统以及它们之间的依赖关系。

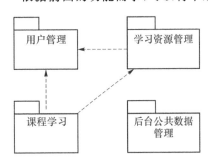

图 6.1　子系统以及子系统间的依赖关系

学习资源管理子系统要使用子系统用户管理中的用户信息，如用户账号信息、角色信息等，因此这两个子系统之间构成了依赖关系，同样，课程学习子系统需要使用子系统用户管理中的用户信息，以及使用子系统学习资源管理中的与课程有关的资源信息，因此，这三个子系统之间也构成了依赖关系。

6.2.3 建立用例模型

识别参与者是划分系统内外成分的关键步骤，也是建立用例模型的第一步。据前面的功能需求，不难发现本系统的外部参与者即为三种不同角色的用户：学生、教师和管理员，其中学生分为普通学生和课代表，课代表除了具有普通学生的所有权限外，还能上传课程作业，而普通学生不能上传作业，此外，管理员又分为系统管理员和系级管理员，系统管理员具有最高权限，系级管理员是由系统管理员为每个系添加的管理者，只负责该系的相关事务。

本节将分别为各个子系统建立用例模型，来描述系统的需求。

1. 用户管理子系统

用户管理子系统用来保证对整个平台进行访问和操作的用户的合法性。从前面的功能需求中可以提炼出该子系统的用例，主要包括：

（1）学生注册

学生必须先注册，然后通过获得的账号登录系统，方能进行其他操作。

（2）学生信息审核

学生注册后，由管理员进行审核，审核通过后，注册账号生效。

（3）管理员添加教师信息

为保证安全性，教师登录账号由系统管理员统一分配账号，教师使用账号登录后，可以对个人信息进行修改。

（4）管理员添加系级管理员

为方便管理，系统管理员为每个系授权一个普通管理员账号，实现分级管理。

（5）用户信息维护

学生或是教师在登录系统后，可以对自己的个人信息进行修改。

（6）修改密码

学生或是教师在登录系统后，可以通过密码修改页面，快速方便地修改个人的登录密码。

（7）用户信息删除

若有教师离职，或是学生毕业离校，需要在平台上删除其信息，该项功能只能由后台管理员操作。

（8）用户登录

学生或是教师通过获得的账号登录系统，系统会根据用户账号信息，判定其角色身份，从而进入不同的用户页面。

用户管理子系统的用例图如图6.2所示。

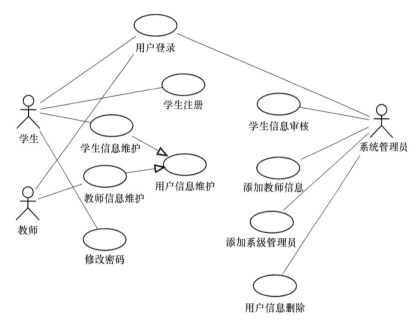

图6.2　用户管理子系统用例图

2. 学习资源管理子系统

学习资源管理子系统是对课程相关学习资源的管理。主要的用例包括：

（1）课程基本信息发布

教师登录系统后，在平台上发布自己所授课程的基本信息，如课程名称、课程简介、课时安排等。

（2）浏览课程基本信息

学生及教师登录系统后，均可在平台上通过关键字搜索并浏览自己感兴趣的课程信息，也可直接浏览系统的推荐课程，每门课程的关注度高低以及评价分决定是否被推荐。

（3）课程基本信息维护

教师对于自己发布的课程基本信息，后期可以进行及时修改。

（4）上传学习资源

教师在发布课程后，即可及时上传课程相关的学习资源，如课件PPT、教案、授课视频、课程作业、教学软件等。

（5）下载学习资源

登录系统的教师或是学生,均可以下载自己感兴趣课程的学习资源,如课件 PPT、课程作业、授课视频、教学软件等。

（6）提交作业

为便于对作业的管理,由课程的负责人(课代表)收齐后统一上传,其他学生没有上传作业的权限。

（7）批阅作业

待学生作业上传后,教师对作业进行批阅,然后重新上传批阅后的作业以及本次作业答案。

（8）查看作业批阅结果

每个学生可以自行下载批阅后的作业,查看批阅结果。

学习资源管理子系统的用例图如图 6.3 所示。

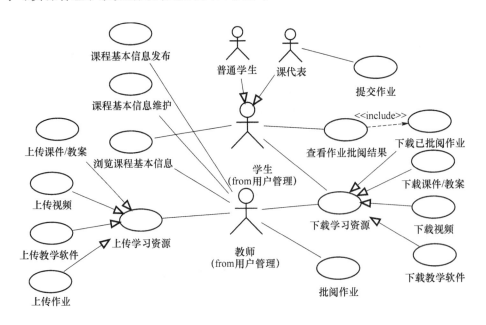

图 6.3　学习资源管理子系统用例图

3．课程学习子系统

课程学习子系统是管理学生课程学习的相关事务。主要的用例包括:

（1）课程添加关注

在确定要学习某门课程时,学生需要对当前课程添加关注,方便教师日后查看有多少学生学习这门课程,同时关注人数的多少也是作为课程推荐的一个指标。

（2）课程取消关注

课程学习完或是不再感兴趣时,学生可以随时取消对当前课程的关注。

（3）在线观看学习视频

找到自己感兴趣的课程后,可以直接在线观看授课视频进行学习,无须下载。

（4）提问答疑

在学习过程中,若碰到不懂的问题,学生可以随时向教师提问,教师查看学生在学习过程中提出的问题并方便快捷地进行答疑。

（5）话题讨论

在学习过程中,教师或者学生可以发出与课程有关的话题点,其他人一起参与讨论。

（6）任命课代表

教师可以对某课程任命一个课代表,只有课代表拥有上传作业的权限。

（7）评价课程

学生参加完课程的学习后,根据自我的学习感受,对该课程进行评分,为日后其他学生选择课程提供一定的参考依据。

（8）浏览学习历史记录

学生的每一次的在线学习都会生成历史记录,当学生下次想观看前一次未看完的在线视频时可以直接点击菜单栏中"我的历史记录",继续上次中断的学习。

课程学习子系统的用例图如图 6.4 所示。

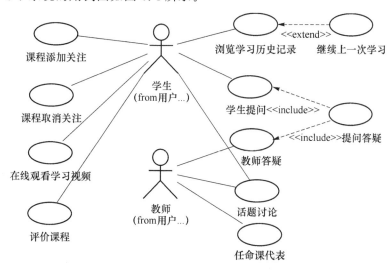

图 6.4　课程学习子系统用例图

4. 后台公共数据管理子系统

后台管理子系统是管理员进行后台数据管理的若干事务的集合,包括:管理员对院系信息的添加及维护,管理员在后台发布以及维护公告通知,管理员能够在平台提供的页面上介绍本系统的基本信息,如网站提供的服务、使用方法等。

请读者自行分析该子系统的功能,并将需求分析结果用类似图 6.1~图 6.4 中的用例图表示出来。

6.2.4　系统的业务流程分析

6.2.3 小节,列出了系统的四个子系统,以及每个子系统的主要功能用例,本小节将借助活动图说明各个子系统的业务流程。

1. 用户管理子系统

用户管理子系统最核心的业务是对学生及教师的管理,其业务流程如图 6.5 所示。用户登录时,系统先判断是否是已注册用户,如果不是,则先进行注册,学生注册则是由自己填写个人信息,然后交由管理员审核,审核通过即为注册用户,而教师注册是由管理员后台录入好的,包括教师登录账号以及初始登录密码。用户注册完成后,用获得的账号登录系统,系统会根据其登录信息判断身份,从而进入不同的用户页面,如果用户账号输入错误,则提示输入错误,并让用户重新输入。

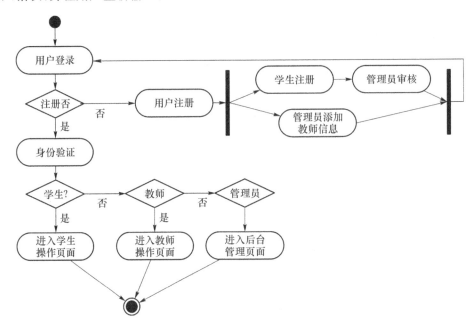

图 6.5　用户管理子系统活动图

2. 学习资源管理子系统

学习资源管理子系统所包含的功能用例比较多,将相互关联的用例进行合并,得到三个综合功能模块,一是课程管理,二是课程搜索,三是作业管理。下面分别使用活动图描述这三个功能模块的业务流程。

课程管理模块,主要包括课程基本信息和课程学习资源的管理。教师登录系统后,首先进行课程的发布,发布时需要填写课程名称、课程简介、课时安排(多少课时,每一课时的主要内容)等课程基本信息,此外,还需上传课程相关的学习资源,如教学视频、课件PPT、教案、教学软件等。发布完后,系统即添加了该课程的所有信息,教师后期可以对这些信息进行修改、删除,同时,学生根据需要可以进行学习资源的下载。具体业务流程如图 6.6 所示。

课程搜索模块,面向学生以及教师,主要包括对自己所感兴趣的课程的检索及浏览。登录系统的用户,最直接的办法是在系统的推荐课程中查找感兴趣课程,也可以根据自定义条件进行查找,如按输入的课程名称检索、按任课教师检索,或者是多个条件组合检索,对于检索到的课程,可以点击相关页面进去浏览该课程的详细信息,如课时安排情况、相关的学习资源是否齐全等,从而决定是否学习这门课程。该模块的业务流程如图 6.7 所示。

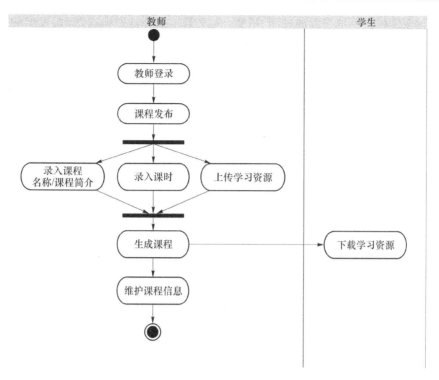

图 6.6　课程管理的活动图

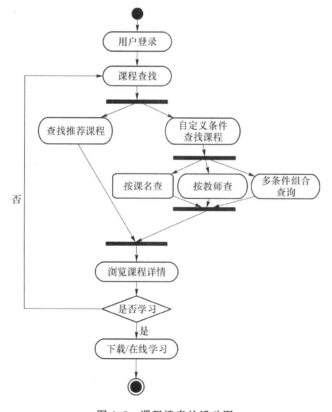

图 6.7　课程搜索的活动图

作业管理模块主要是作业的发布、下载、批改等。教师首先根据课时进度，阶段性地在平台上发布作业，学生下载作业，并及时完成作业，而后交由各班课代表，由课代表统一提交至系统，教师在收到作业已提交通知后，开始批改作业，并且将批阅后的结果再一次上传至系统，供学生下载查看自己的作业完成情况。该模块的业务流程如图6.8所示。

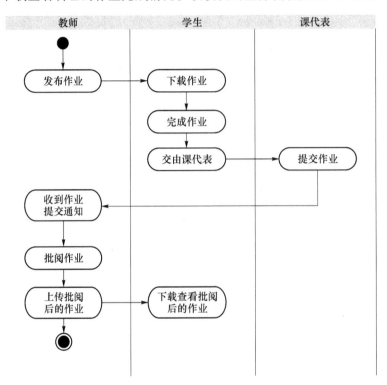

图6.8 作业管理的活动图

3. 课程学习子系统

课程学习子系统的业务流程如图6.9所示。学生登录系统检索自己要学习的课程，进入课程学习子系统，首先添加对该课程的关注，而后选择课时，开始课时学习，课时学习的方式可以是在线观看教学视频，系统每次会为当前的学习生成历史记录，以便下次继续学习，第二种学习方式是下载学习资源，在线下学习。在学习过程中，学生若有不理解的地方可以向教师进行在线提问，教师看到提问会尽快做出解答，若学生还是不明白可以继续追问；此外，教师或学生还可以发布课程学习有关的话题，让大家一起参与讨论。本次课时学完，系统会询问是否继续学习，若是，再一次选择后续课时，开始学习，若不是，则对当前所学的课时做出评价。

4. 后台公共数据管理子系统

 请读者模仿图6.5～图6.9，为后台管理子系统的主要业务流程建立活动图。

6.2.5 功能用例的详细描述

本小节将对6.2.3小节中涉及的用例展开描述，为下一步面向对象的设计作准备。
如下是对用户管理子系统中用例的描述。

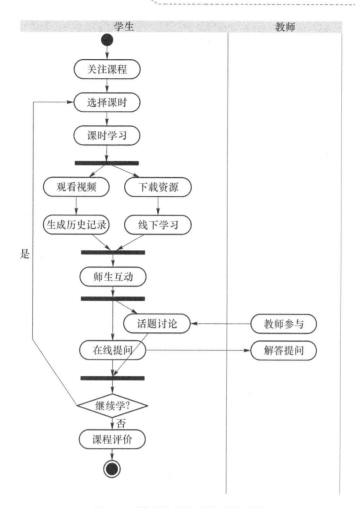

图 6.9　课程学习子系统的活动图

用例：用户登录

用例名称：用户登录
参与者：用户（学生、教师、管理员）
简要说明： 用户输入账号密码，通过验证后才能登录系统。
前置条件： 用户已经启动系统。
基本事件流： 1. 用户启动系统，打开登录页面； 2. 输入账号、密码、身份及随机生成的验证码，然后单击"登录"按钮； 3. 系统进行身份验证，若输入正确，则进入系统，否则提示用户重新输入； 4. 用例终止。
其他事件流 A1： 1. 当前验证码如果不清晰，则按"刷新"，重新得到一个验证码； 2. 如果忘记密码，单击"忘了密码"，将跳转到找回密码的页面。

异常事件流：

登录时出现故障，如网络故障、数据库连接故障等，系统弹出异常页面，提示用户登录失败。

后置条件：

用户登录进入系统。

用例：学生注册

用例名称： 学生注册

参与者： 学生

简要说明：

学生第一次访问系统，注册新账号。

前置条件：

学生已经启动系统。

基本事件流：

1. 用户启动系统，打开注册页面；

2. 输入登录名，一般为学号，系统会进行唯一性验证；

3. 输入姓名，选择所在系；

4. 输入密码和确认密码；

5. 单击"提交"，返回注册成功，交由管理员审核；

6. 用例终止。

其他事件流 A1：

1. 当前登录名如果已经存在，则提示"用户名已经存在"，要求重新输入；

2. 如果两次输入的密码不相同，将要求重新输入。

异常事件流：

注册时出现故障，如网络故障、数据库连接故障等，系统弹出异常页面，提示用户注册失败。

后置条件：

用户成功注册，获得一个登录账号。

用例：用户信息维护

用例名称： 用户信息维护

参与者： 学生、教师

简要说明：

学生和教师修改或完善个人信息。

前置条件：

用户已经成功登录系统。

基本事件流：

1. 用户登录系统，进入个人信息维护页面；

2. 用户在已有信息基础上，继续完善其他个人信息，如输入性别、出生年月、邮箱、兴趣爱好等；

3. 或者是对已有信息进行修改，删除已有信息内容，输入新信息；

4. 单击"保存信息"，返回"个人信息修改成功"；

5. 用例终止。

续表

其他事件流 A1:

如果输入的邮箱格式不正确,将要求重新输入。

异常事件流:

系统出现故障,如网络故障、数据库连接故障等,系统弹出异常页面,提示用户信息维护失败。

后置条件:

用户的个人信息被更新。

用例:修改密码

用例名称:修改密码

参与者:学生、教师

简要说明:

学生和教师修改登录系统的密码。

前置条件:

用户已经成功登录系统。

基本事件流:

1. 用户登录系统,进入密码修改页面;

2. 用户输入原有密码;

3. 用户输入新密码;

4. 再一次输入确认新密码;

5. 单击"立即修改",返回"密码修改成功";

6. 用例终止。

其他事件流 A1:

如果输入的邮箱格式不正确,将要求重新输入。

异常事件流:

系统出现故障,如网络故障、数据库连接故障等,系统弹出异常页面,提示用户操作失败。

后置条件:

用户的密码被更新。

用例:学生信息审核

用例名称:学生信息审核

参与者:系统管理员

简要说明:

系统管理员审核学生的注册信息,审核通过,学生的注册账号生效。

前置条件:

管理员已经成功登录系统。

基本事件流:

1. 管理员登录系统,进入信息审核页面;

2. 查看当前提交的注册学生信息列表;

3. 确认学生的学号、姓名和院系信息;

4. 无误后,单击"审核通过";

5. 用例终止。

其他事件流 A1：

如果发现非在校学生或是其他可疑注册者，不予审核通过。

异常事件流：

系统出现故障，如网络故障、数据库连接故障等，系统弹出异常页面，提示用户操作失败。

后置条件：

审核通过的学生账号生效。

用例：添加教师信息/系级管理员

用例名称：添加教师信息/系级管理员

参与者：系统管理员

简要说明：

系统管理员在后台指派教师账号和系级管理员账号。

前置条件：

管理员已经成功登录系统。

基本事件流：

1. 管理员登录系统，进入账号添加页面；

2. 输入教职工号作为登录账号名，设置一个默认密码，并指定角色为教师；

3. 同样，为每个系添加一个登录账号，指定角色为系级管理员；

4. 完成后，单击"添加"；

5. 用例终止。

其他事件流 A1：

系级管理员一般为系秘书的职工号，每个添加的账号系统会做检查，如果已存在，则要求重新输入。

异常事件流：

系统出现故障，如网络故障、数据库连接故障等，系统弹出异常页面，提示用户操作失败。

后置条件：

成功添加教师账号和系级管理员账号。

用例：用户信息删除

用例名称：用户信息删除

参与者：系统管理员

简要说明：

系统管理员在后台删除学生、教师和系级管理员。

前置条件：

系统管理员已经成功登录系统。

基本事件流：

1. 管理员登录系统，进入用户删除页面；

2. 根据学生的学号或教职工的教职工号，检索到要被删除的用户信息；

3. 单击"删除"，返回"删除成功"；

4. 用例终止。

续表

其他事件流 A1：

用户选择"返回"，将离开删除页面，跳转到后台管理主页面。

异常事件流：

系统出现故障，如网络故障、数据库连接故障等，系统弹出异常页面，提示用户操作失败。

后置条件：

用户被删除，账号失效。

如下是对学习资源管理子系统中用例的描述。

用例：课程发布

用例名称：课程基本信息发布

参与者：教师

简要说明：

教师在平台上添加课程。

前置条件：

教师已经成功登录系统。

基本事件流：

1. 教师登录系统，打开添加课程页面；

2. 输入课程名称和所使用的教材信息；

3. 单击"保存"，返回"添加成功"；

4. 用例终止。

其他事件流 A1：

1. 输入教材信息时，可以手工输入，也可上传教材简介的截图；

2. 若选择"返回"，将离开当前页面，跳转到系统主页面。

异常事件流：

系统出现故障，如网络故障、数据库连接故障等，系统弹出异常页面，提示用户操作失败。

后置条件：

添加一门课程。

用例：上传课程学习资源

用例名称：上传课程学习资源

参与者：教师

简要说明：

教师在平台上添加课程后，就可为其上传对应的学习资源，如教学视频、作业等。

前置条件：

教师已经成功登录系统。

基本事件流：

1. 教师登录系统,进入到课程学习资源添加页面;

2. 首先为课程划分课时,一门课程分为多少课时,并添加每次课时名称以及授课内容简介;

3. 为每个课时,上传教学视频、课件、教案等;

4. 上传课程其他的学习资料,如作业、教学软件等;

5. 用例终止。

其他事件流 A1：

1. 上传学习资源时,有些资源可以暂时不上传,为空,以后需要时再补充;

2. 若选择"返回",将离开当前页面,跳转到系统主页面。

异常事件流：

系统出现故障,如网络故障、数据库连接故障等,系统弹出异常页面,提示用户操作失败。

后置条件：

添加课程相关的学习资源。

用例:课程信息维护

用例名称：课程信息维护

参与者：教师

简要说明：

教师对于自己发布的课程信息及其学习资源,后期可以进行及时修改。

前置条件：

教师已经成功登录系统。

基本事件流：

1. 教师登录系统,查看自己发布的课程;

2. 在课程列表中,选择一门课程可以直接删除,则该课程以及所有对应的学习资源将全部被删除;

3. 对某一门课程进行完善,双击进入某门课程的详细信息页面;

4. 详情页面上,继续为该课程添加作业、软件或是更改现有资源;

5. 也可双击详情页面中某一课时,为其修改或完善数据资料;

6. 用例终止。

其他事件流 A1：

1. 上传学习资源时,有些资源可以暂时不上传,为空;

2. 若选择"返回",将离开当前页面,跳转到系统主页面。

异常事件流：

系统出现故障,如网络故障、数据库连接故障等,系统弹出异常页面,提示用户操作失败。

后置条件：

课程信息及学习资源得到更新。

用例：浏览课程信息

用例名称：浏览课程信息

参与者：教师、学生

简要说明：
学生或教师可在平台上通过关键字搜索并浏览自己感兴趣的课程信息。

前置条件：
用户已经成功登录系统。

基本事件流：

1. 用户登录系统，进入系统的主页；

2. 单击"查看推荐课程"，会出现系统推荐的课程列表，也可单击"课程搜索"，进入课程搜索页面，输入关键字进行检索；

3. 在推荐的课程列表或者是检索到的课程列表中，用户单击"查看详细"，进入课程详情页面；

4. 详情页面上，用户可以看到课程的名称、教师、教材信息、关注度、教学软件、课时列表等信息；

5. 单击某一课时链接，查看该课时的学习资料，课件、视频、作业等；

6. 用例终止。

其他事件流 A1：

1. 课程详情页面上，用户可以选择是否添加对该门课程的关注；

2. 若选择"返回"，将离开当前页面，跳转到系统主页面。

异常事件流：
系统出现故障，如网络故障、数据库连接故障等，系统弹出异常页面，提示用户操作失败。

用例：下载学习资源

用例名称：下载学习资源

参与者：教师、学生

简要说明：
学生或教师可以下载自己所感兴趣课程的学习资源。

前置条件：
用户经过课程搜索后已经查找到自己感兴趣的课程。

基本事件流：

1. 用户检索到自己感兴趣的课程，并进入课程详情页面；

2. 详细页面上会有该课程的综合性学习资源，如教学软件、教学课件等，每个资源旁边有个下载链接，单击即可下载；

3. 单击某个课时链接，出现该课时的所有教学资源，如视频、作业等，同样单击旁边的下载链接，即可下载；

4. 用例终止。

其他事件流 A1：
若选择"返回"，将离开当前页面，跳转到系统主页面。

异常事件流：
系统出现故障，如网络故障、数据库连接故障等，系统弹出异常页面，提示用户操作失败。

后置条件：
用户完成对课件、作业、教学软件等的下载。

用例:提交作业

用例名称:提交作业

参与者:课代表

简要说明:

每个课时的作业,由课代表负责统一上传。

前置条件:

课代表成功登录系统。

基本事件流:

1. 课代表收齐本班作业,进入作业提交页面;

2. 选择课程名称;

3. 选择对应的课时;

4. 添加作业,开始上传;

5. 用例终止。

其他事件流 A1:

若选择"返回",将离开当前页面,跳转到系统主页面。

异常事件流:

系统出现故障,如网络故障、数据库连接故障等,系统弹出异常页面,提示用户操作失败。

后置条件:

作业提交至系统。

用例:批阅作业

用例名称:批阅作业

参与者:教师

简要说明:

教师下载学生提交的作业,进行批阅,然后再上传至系统。

前置条件:

作业已提交至系统。

基本事件流:

1. 作业提交后,教师登录系统,会收到提醒通知;

2. 教师下载作业,并进行批阅;

3. 作业批阅后,重新上传至系统;

4. 上传本次作业的习题答案;

5. 用例终止。

其他事件流 A1:

若选择"返回",将离开当前页面,跳转到系统主页面。

异常事件流:

系统出现故障,如网络故障、数据库连接故障等,系统弹出异常页面,提示用户操作失败。

后置条件:

批阅后的作业及答案上传至系统。

用例：查看作业批阅结果

教师上传批阅好的作业后，每个学生下载查看，该用例跟下载作业用例类似，故不再描述。

如下是对课程学习子系统中用例的描述。

用例：课程添加/取消关注

用例名称：课程添加/取消关注
参与者：学生
简要说明： 学生对当前课程添加关注或取消关注。
前置条件： 用户已经成功登录系统。
基本事件流： 1. 用户登录系统，检索到自己感兴趣的课程； 2. 用户单击"查看详细"按钮，进入课程详情页面； 3. 详情页面上，单击关注按钮，添加对当前课程的关注； 4. 若课程已经关注，则出现的是取消关注按钮，单击该按钮，取消对当前课程的关注； 5. 用例终止。
其他事件流 A1： 若选择"返回"，将离开当前页面，跳转到系统主页面。
异常事件流： 系统出现故障，如网络故障、数据库连接故障等，系统弹出异常页面，提示用户操作失败。
后置条件： 感兴趣或将要学习的课程对其添加关注，不再感兴趣或学习结束取消关注。

用例：在线观看视频

用例名称：在线观看视频
参与者：学生
简要说明： 学生在线观看某课程某一课时的教师授课视频。
前置条件： 学生已经确定要学习的课程名称。
基本事件流： 1. 学生检索到自己感兴趣的课程，并进入课程详情页面； 2. 浏览当前课程的所有课时列表，并确定自己将要学习的课时； 3. 单击该课时链接，出现该课时的所有教学资源，如视频、作业等，单击视频旁边的"观看视频"按钮，即可在线观看； 4. 用例终止。
其他事件流 A1： 若选择"返回"，将离开当前页面，跳转到系统主页面。
异常事件流： 系统出现故障，如网络故障、数据库连接故障等，系统弹出异常页面，提示用户操作失败。

用例：评价课程

用例名称：评价课程

参与者：学生

简要说明：

学生参加完某课时的学习后，根据自我的学习感受，对该课时进行评分。

前置条件：

用户参与某门课程的某课时的学习。

基本事件流：

1. 用户观看某一课时的教学视频；

2. 学习完后，单击评价按钮，参与当前课时的评价；

3. 输入一个百分制的分数；

4. 系统会自动统计并更新当前课时的平均得分，并及时显示在该课时的详情页面上；

5. 用例终止。

其他事件流 A1：

1. 若选择"返回"，将离开当前页面，跳转到系统主页面；

2. 学生若不评价，系统会有一个默认好评 100 分。

异常事件流：

系统出现故障，如网络故障、数据库连接故障等，系统弹出异常页面，提示用户操作失败。

后置条件：

当前课时的平均得分更新。

用例：浏览学习历史记录

用例名称：浏览学习历史记录

参与者：学生

简要说明：

学生查看以前的学习记录。

前置条件：

学生成功登录系统。

基本事件流：

1. 学生登录系统，单击"我的历史记录"；

2. 按时间先后顺序显示该生参与学习的所有课程；

3. 单击某门课程，会显示当前课程的所有课时学习情况，如学习时间、评价分等；

4. 想要继续学习上次没结束的课时，直接单击该课时旁边的观看视频按钮或对当前课时给予评价；

5. 用例终止。

其他事件流 A1：

若选择"返回"，将离开当前页面，跳转到系统主页面。

异常事件流：

系统出现故障，如网络故障、数据库连接故障等，系统弹出异常页面，提示用户操作失败。

用例：任命课代表

用例名称：任命课代表

参与者：教师

简要说明：

教师对某课程任命一个或多个课代表，只有课代表拥有上传作业的权限。

前置条件：

教师成功登录系统。

基本事件流：

1. 教师登录系统，进入课代表管理页面；

2. 输入课程名称，搜索关注该课程的所有学生；

3. 在出来的学生信息表中，找到课代表所在行，单击最右侧的"任命课代表"按钮；

4. 返回成功，继续任命其他课代表；

5. 用例终止。

其他事件流 A1：

1. 在第 2 步中，可输入课程名和课代表姓名直接检索到该学生，然后任命；

2. 若选择"返回"，将离开当前页面，跳转到系统主页面。

异常事件流：

系统出现故障，如网络故障、数据库连接故障等，系统弹出异常页面，提示用户操作失败。

后置条件：

多个学生的角色更新为课代表。

用例：学生提问

用例名称：学生提问

参与者：学生

简要说明：

学生在某个课时学习过程中，可以随时向教师发出提问。

前置条件：

学生成功登录系统。

基本事件流：

1. 学生正在课时学习，若有疑问，单击"我要提问"；

2. 进入提问页面，输入问题；

3. 单击提交按钮；

4. 用例终止。

其他事件流 A1：

1. 第 3 步，问题提交后，能查询到个人提问的所有问题，可修改问题，也可追加提问；

2. 若选择"返回"，将离开当前页面，跳转到系统主页面。

异常事件流：

系统出现故障，如网络故障、数据库连接故障等，系统弹出异常页面，提示用户操作失败。

后置条件：

问题提交。

用例：教师答疑

用例名称：教师答疑

参与者：教师

简要说明：

教师查看所有提问问题并进行答疑。

前置条件：

教师成功登录系统。

基本事件流：

1. 教师进入问题回复页面；

2. 按课程分组，并按时间先后顺序显示所有向该教师发出的提问；

3. 教师逐个阅读问题，然后输入回复的内容；

4. 单击提交按钮；

5. 用例终止。

其他事件流 A1：

1. 第 3 步，回复提交后，可修改回复内容，也可追加回复；

2. 若选择"返回"，将离开当前页面，跳转到系统主页面。

异常事件流：

系统出现故障，如网络故障、数据库连接故障等，系统弹出异常页面，提示用户操作失败。

后置条件：

问题已回复。

用例：话题讨论

用例名称：话题讨论

参与者：教师、学生

简要说明：

师生就某个话题一起参与讨论。

前置条件：

用户成功登录系统。

基本事件流：

1. 用户课程学习过程中，进入话题管理页面；

2. 查看最近的话题，如对某个话题感兴趣，双击进去查看详细，然后参与评论；

3. 用户也可自己发布一个新话题，输入课程名称，标题以及话题内容，然后单击发表话题按钮；

4. 修改自己发布的话题，或者修改自己参与评论的内容；

5. 用例终止。

其他事件流 A1：

1. 第 1 步，用户进入话题管理页面，只能看见自己所参与学习的课程的所有话题；

2. 若选择"返回"，将离开当前页面，跳转到系统主页面。

异常事件流：

系统出现故障，如网络故障、数据库连接故障等，系统弹出异常页面，提示用户操作失败。

后置条件：

话题更新。

请读者对后台公共数据管理子系统中的主要用例逐个展开描述。

6.3　面向对象设计

在对系统作了需求分析后,下面开始用面向对象方法进行系统的设计,为后面面向对象的实现作准备。本节参照第3章第3.5节,先从需求中寻找类,定义每个类的属性及操作,并建立类图,描述类之间的静态关系;而后,使用顺序图或协作图对类对象之间的交互进行建模,确定各个对象是如何相互协作完成一项功能;最后对复杂的对象生命周期中的各个状态以及状态间的转移进行建模。

本系统采用分层思想进行设计,分为表现层、业务逻辑层和数据处理层三层架构。其中表现层是视图层,它主要负责接收用户的请求接收和反馈处理后的数据,是客户端访问应用程序的接口;业务逻辑层主要是对数据层的操作,用于处理系统业务逻辑;数据访问层是实现应用程序与数据库的交互,负责数据库的访问。

6.3.1　建立类图

结合系统的三层架构设计思想,将系统的类分为实体类、边界类、业务逻辑类和数据访问类。实体类是用于对需要永久存储的信息和相关行为建模的类,边界类是外部用户使用系统的接口,表现为应用程序的若干界面,业务逻辑类是应用程序的核心,将系统的一系列业务逻辑操作抽象成若干类,数据访问类中主要包括一些对数据库进行增删改查的操作。

1. 实体类

系统的主要实体有系统管理员、院系、教师、学生、课程、课时、听课历史记录、学生提问问题、教师答疑回复、话题、话题评论、作业、公告通知。这些实体类并不是相互独立的,它们之间存在各种各样的关联关系,例如,一门课程可以包含多个课时,而一个课时必定属于某一门课程,因此课程与课时这两个实体类之间存在1对多(多重度)的包含(关系名)关系,类间的关联关系以及多重度如图6.10所示。

实体类主要用于后面的数据库存储,最终映射为关系数据库的二维表,因此这里只列出各个实体类的属性,属性对应二维表的列字段,而类的操作暂不考虑。图6.11给出的是每个类的内部属性描述,如学生类有学生学号、姓名、登录密码、所在院系的 ID、性别、邮箱、出生年月和注册时间8个私有字段。

2. 边界类

本系统涉及近60个人机交互的页面,有些页面的布局及功能类似,下面从四个子系统分别介绍每个子系统对应的主要页面,每个页面用一个类来表示,页面的布局详见6.4节。

表6.1列出的是用户管理子系统对应的界面类,表6.2列出的是学习资源管理子系统对应的界面类,表6.3列出的是课程学习子系统对应的界面类。

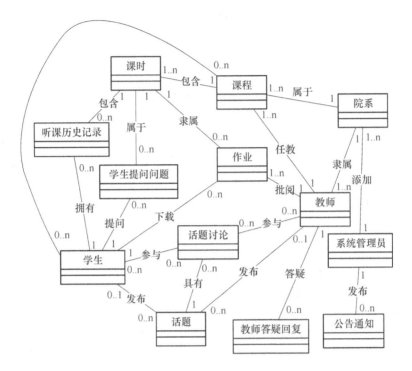

图 6.10 系统的实体类图

表 6.1 用户管理子系统的界面类

边界类名称	边界类职责
登录页面 Login.jsp	检验用户的合法性,合法则允许登录
学生注册页面 Register.jsp	学生使用系统前,先注册
个人账户管理页面 InfManage.jsp	查看、修改个人信息
密码修改页面 Pwd.jsp	允许用户对自己的登录密码进行修改
学生信息后台管理页面 StuBackManage.jsp	系统管理员审核、删除注册的学生信息
教师信息后台管理页面 TeaBackManage.jsp	系统管理员后台添加、删除教师账户
系管理员添加页面 AddDepartManger.jsp	系统管理员为各个系添加系级管理员账号
系管理员后台维护页面 EditDepManger.jsp	系统管理员对系级管理员进行增删改查

学生
- 学号
- 姓名
- 登录密码
- 院系ID
- 性别
- 邮箱
- 出生年月
- 注册时间

教师
- 教职工ID
- 姓名
- 登录密码
- 院系ID
- 注册时间
- 邮箱

课程
- 课程ID
- 教师ID
- 课程名称
- 教材封面图片路径
- 关注人数

课时
- 课时ID
- 课程ID
- 课时名称
- 课时简介
- 资料名称
- 资料路径
- 视频路径
- 习题答案名称
- 习题答案路径

作业
- 作业ID
- 课时ID
- 学生ID
- 作业名称
- 作业路径
- 提交时间
- 状态
- 已批阅作业路径

学生提问问题
- 问题ID
- 课时ID
- 学生ID
- 问题内容
- 状态
- 提问时间

教师答疑回复
- 回复ID
- 问题ID
- 教师ID
- 回复内容
- 回复时间

听课历史记录
- 学生学号
- 课时ID
- 课分
- 听课时间

话题
- 话题ID
- 标题
- 内容
- 发布者ID
- 发布时间
- 评论ID

话题讨论
- 评论ID
- 评论内容
- 评论者
- 评论时间

系统管理员
- 管理员ID
- 登录密码

院系
- 院系ID
- 院系名称
- 系管理员ID

公告通知
- 公告ID
- 标题
- 内容
- 发布者ID
- 发布时间
- 修改时间

图 6.11 类的属性描述

表 6.2 学习资源管理子系统的界面类

边界类名称	边界类职责
课程添加页面 AddLesson.jsp	教师添加个人所授课程
课时添加页面 AddLecture.jsp	教师为每门课程添加对应的课时
课时操作选择页面 SelectOperationLec.jsp	教师选择上传、更新或删除某个课时的学习资源

边界类名称	边界类职责
上传课时学习资料页面 SaveLecResource.jsp	教师上传某个课时的教案、PPT、教学视频、作业
更新学习资料页面 UpdateLecResource.jsp	教师重新上传，覆盖原有的已上传资料
下载学习资源页面 DownLecResource.jsp	学生下载某个课时的教案、PPT、教学视频、作业
课程检索页面 SelectLesson.jsp	教师或者学生输入关键字检索所需课程
浏览推荐课程页面 recLesson.jsp	显示系统推荐的课程信息
课程详细信息浏览页面 LessonDetail.jsp	教师或者学生浏览某门课程详细信息，如封面、课时列表等
课时详细信息浏览页面 LectureDetail.jsp	教师或者学生浏览某个课时详细的学习资源信息
提交作业页面 SubmitWork.jsp	课代表负责统一上传该班级的作业
教师查看并下载已提交作业 DownSubmitWork.jsp	教师搜索到自己课程各班提交的作业，下载以便批阅
教师上传已批阅作业及答案 SaveReWork.jsp	教师上传已经批改好的作业，并且上传本次习题答案
学生下载已批阅作业 DownReWork.jsp	学生下载并查看已经批改好的作业

表 6.3　课程学习子系统的界面类

边界类名称	边界类职责
课程关注页面 LessonAttention.jsp	添加或者取消对某门课程的关注
在线观看视频页面 WatchVedio.jsp	网上直接观看某课时的教学视频
课时评价页面 EvaluteLecture.jsp	学生给学习的课时打分
个人听课历史记录页面 History.jsp	汇总以前的所有课时听课记录
在线提问页面 Question.jsp	学生在线向教师发出提出

续表

边界类名称	边界类职责
查看个人提问页面 SelectMyQuestion. jsp	查看自己所有的提问以及每个提问的回复信息
答疑页面 Answer. jsp	教师回复学生的每个提问
查看学生对我的提问 SelectAllQuestion	教师查看学生对他的所有提问问题
话题发布页面 AddTopic. jsp	教师或者学生发布一个新话题
话题浏览检索页面 ShowAllTopic. jsp	显示所有话题,并可以根据时间或关键内容进行检索
话题讨论页面 Reply. jsp	教师或学生参与话题的讨论
课代表管理页面 Monitor. jsp	教师对于课代表的管理页面

 请读者对后台公共数据管理子系统展开设计,并列出主要的界面类。

3. 业务逻辑类

本系统的业务逻辑是围绕用户管理、课程学习资源管理、课程学习(即在线学习)管理和后台公共数据管理四个子系统进行,下面将从这四个子系统分别展开介绍各自所包含的类以及类的主要方法。

(1) 用户管理子系统

该子系统负责对学生、教师和系级管理员三类用户基本信息的管理以及用户的登录验证,详细信息可参见 6.2.3 小节,设计的类有:用户登录类 UserLoginService、学生信息管理类 StuInfoService、教师信息管理类 TeacherInfoService 和后台用户管理类 UserBackManageService。

用户登录类 UserLoginService 的主要职责如下所示。

```
              UserLoginService
┌──────────────────────────────────────┐
│ ◆findUserLogin(Teacher tea): Teacher  │
│ ◆findStuLogin(Student st): Student    │
└──────────────────────────────────────┘
```

其中,findUserLogin 是实现教师登录验证的方法,findStuLogin 是实现学生登录验证的方法。

学生信息管理类 StuInfoService 的主要职责如下所示。

```
               StuInfoService
┌──────────────────────────────────────┐
│ ◆ findStuById(String stuId): Student  │
│ ◆ updateStuInfo(Student mode): void   │
│ ◆ updateStupwd(Student model): void   │
│ ◆ saveNewStu(Student model): void     │
└──────────────────────────────────────┘
```

方法 findStuById 是根据学生学号查找学生,方法 updateStuInf 是更新学生基本信息,方法 updateStupwd 是更新学生登录密码,方法 saveNewStu 是添加一个新注册的学生信息。

教师信息管理类 TeacherInfoService 的主要职责如下所示。

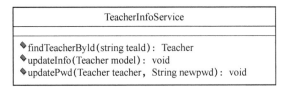

TeacherInfoService
◆findTeacherById(string teaId)：Teacher ◆updateInfo(Teacher model)：void ◆updatePwd(Teacher teacher，String newpwd)：void

方法 findTeacherById 是通过 ID 检索教师信息,方法 updateInfo 是更新教师个人信息,方法 updatePwd 是更新教师登录密码。

后台用户管理类 UserBackManageService 的主要职责如下所示。

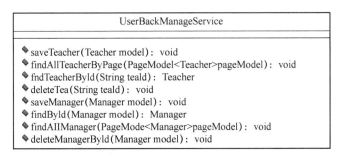

UserBackManageService
◆saveTeacher(Teacher model)：void ◆findAllTeacherByPage(PageModel<Teacher>pageModel)：void ◆fndTeacherById(String teaId)：Teacher ◆deleteTea(String teaId)：void ◆saveManager(Manager model)：void ◆findById(Manager model)：Manager ◆findAIIManager(PageMode<Manager>pageModel)：void ◆deleteManagerById(Manager model)：void

方法 saveTeacher 是负责添加教师账号,方法 findAllTeacherByPage 是分页显示所有的教师信息,方法 findTeacherById 是根据 ID 查找教师,方法 deleteTea 是删除教师,方法 saveManager 是添加系级管理员,方法 findById 是根据 ID 查找系级管理员,方法 findAllManager 是显示所有管理员,方法 deleteManagerById 是根据 ID 删除管理员。

（2）学习资源管理子系统

该子系统负责对课程相关学习资源的管理,详细信息可参见 6.2.3 小节,设计的类有：课程管理类 LessonService、课时管理类 LectureService 和作业管理类 HomeWorkService。

课程管理类 LessonService 的主要职责如下所示。

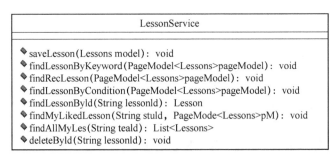

LessonService
◆saveLesson(Lessons model)：void ◆findLessonByKeyword(PageModel<Lessons>pageModel)：void ◆findRecLesson(PageModel<Lessons>pageModel)：void ◆findLessonByCondition(PageModel<Lessons>pageModel)：void ◆findLessonById(String lessonId)：Lesson ◆findMyLikedLesson(String stuId，PageMode<Lessons>pM)：void ◆findAllMyLes(String teaId)：List<Lessons> ◆deleteById(String lessonId)：void

方法 saveLesson 是新增课程,方法 findLessonByKeyword 是根据关键词查找课程,方法 findRecLesson 是查看系统推荐课程,方法 findLessonByCondition 是多条件查询课程,方法 findLessonById 是通过课程 ID 查看课程详细信息,方法 findMyLikedLesson 是查看学生个人关注的课程,方法 findAllMyLes 是查看教师个人的课程,方法 deleteById 是根据

ID 删除课程。

课时管理类 LectureService 的主要职责如下所示。

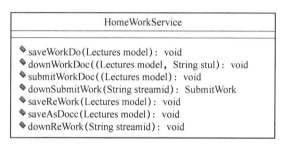

方法 saveLecture 是保存课时，方法 findById 是由 ID 查询指定课时，方法 findLesBy-LecId 是通过课时 ID 查询课程，方法 saveDoc 是上传更新课时资料，方法 saveVideo 是上传更新课时的教学视频，方法 updateLecMessage 是更新课时基本简介，方法 getLectureDetail 是获取某个课时的详细信息。

作业管理类 HomeWorkService 的主要职责如下所示。

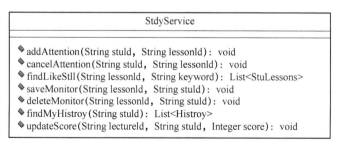

方法 saveWorkDoc 是教师上传更新作业，方法 downWorkDoc 是学生下载作业，方法 submitWorkDoc 是课代表提交作业，方法 downSubmitWork 是教师下载学生提交作业，方法 saveReWork 是教师上传已批阅作业，方法 saveAswDoc 是教师上传作业答案，方法 downReWork 是学生下载已批阅作业。

（3）课程学习子系统

该子系统是管理学生课程学习的相关事务，详细信息可参见 6.2.3 小节，设计的类有：在线学习类 StudyService 和在线互动类 InteractService。

在线学习类 StudyService 的主要职责如下所示。

```
                        StdyService
    ─────────────────────────────────────────────────
    ◆ addAttention(String stuId, String lessonId): void
    ◆ cancelAttention(String stuId, String lessonId): void
    ◆ findLikeStll(String lessonId, String keyword): List<StuLessons>
    ◆ saveMonitor(String lessonId, String stuId): void
    ◆ deleteMonitor(String lessonId, String stuId): void
    ◆ findMyHistroy(String stuId): List<Histroy>
    ◆ updateScore(String lectureId, String stuId, Integer score): void
```

方法 addAttention 是学生添加对某课程的关注，方法 cancelAttention 是学生取消对某课程的关注，方法 findLikeStu 是检索指定课程的所有关注的学生，方法 saveMonitor 是任命课代表，方法 deleteMonitor 是取消任命课代表，方法 findMyHistroy 是查询个人学习历史记录,方法 updateScore 是学生给课时打分。

在线互动类 InteractService 的主要职责如下所示。

InteractService
◆saveQue((Lectures model, String stuId): void
◆findAllMyQues((Sting stuId): List\<Question\>
◆findAllNewQ((String teaId): List\<Question\>
◆findQueById(String questionId): Question
◆saveAsw(Lectures model, String teaId): void
◆saveAddQ(Lectures model, String stuId): void
◆allTopic(): List\<Topic\>
◆findTopById(string topId): Topic
◆saveReply(topic model, string userId): void
◆findReplyBy TopId(string topId): List\<Reply\>0

方法 saveQue 是保存首次提问的问题,方法 findAllMyQues 是查询我的所有提问,方法 findAllNewQ 是教师查看最新提问,方法 findQueById 是根据问题 ID 查找指定问题,方法 saveAsw 是保存教师对于学生提问问题的回复,方法 saveAddQ 是保存学生的追问问题,方法 allTopic 是显示所有话题,方法 findTopById 是根据 ID 查找指定的话题,方法 saveReply 是保存每一次话题的回复,方法 findReplyByTopId 是查找指定话题的所有回复。

(4)后台公共数据管理子系统

请读者根据 6.2 节对后台公共数据管理子系统的分析结果,设计该子系统需要的业务逻辑类,并仿照前文,对每个类中的主要方法作一定说明。

4. 数据访问类

本系统的数据访问层只包含一个数据访问类 GenericDAO,主要用于对数据库中的数据进行增删改查,不涉及业务逻辑操作。在设计时利用范型、反射、动态代理的技术,对 DAO 层进行了封装,使得不同的 Service 层都可以直接调用此层。数据访问类 GenericDAO 的主要职责如下。

GenericDAO
◆save(T obj): void
◆update(T obj): void
◆delete(T obj): void
◆findById(Class\<T\>entityClass, Serializable id): T
◆findByNamedQuery(String queryName, Object... values): List\<T\>
◆findCollectionByConditionNoPage(Class\<T\>entityClass, String condition, Object[]params, Map\<String, String\>orderby): List\<T\>
◆findByCriteria(DetachedCriteria criteria): List\<T\>
◆findTotalCount(DetachedCriteria detachedCritera): long
◆findPageData(DetachedCriteria detachedCriteria): List\<T\>

方法 save 是保存单个对象,方法 update 是更新单个对象,方法 delete 是根据 ID 删除对象,方法 findById 是根据 ID 获取指定对象,方法 findByNamedQuery 是 name 的条件查询,方法 findCollectionByConditionNoPage 是 sql 语句的条件查询,方法 findByCriteria 是执行条件查询,方法 findTotalCount 是查询总记录数,方法 findPageData 是查询当前页数据。

6.3.2 对象交互设计

6.3.1 小节列出了系统的实体类、边界类、业务逻辑类、数据访问类,以及每个类的主要职责,6.3.2 小节将演示交互图描述类的对象之间如何交互协作完成一项功能用例。但是由于系统的功能用例比较多,这里只列出几个典型的用例的顺序图和协作图。

1. 上传课程学习资料

教师登录系统,进入课时操作选择页面 SelectOperationLec.jsp,选择为课时上传学习资料,随后进入课程学习资料的上传页面 SaveLecResource.jsp,该页面上有多个上传按钮,教师根据需要可以上传教学课件、上传教学视频、上传课时作业等,执行上传操作时,需要调用业务逻辑类 LectureService(课时管理类)中的文件上传方法,最终学习资料会通过执行数据库访问类 GenericDAO 的相关方法被保存到后台的数据实体类 Lecture 中。图 6.12 给出了该过程的交互顺序图。

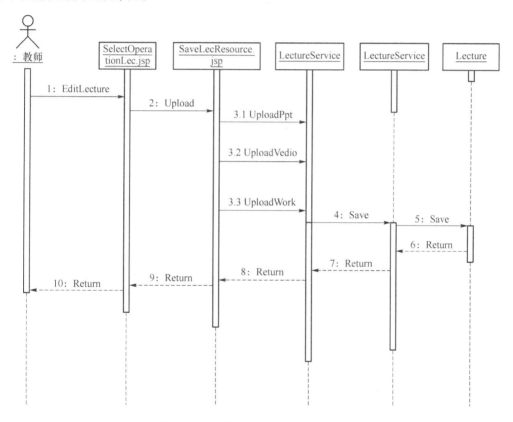

图 6.12 上传课程学习资料的顺序图

2. 浏览课程信息/学习资源

一门课程由若干课时组成,每个课时有配套的 PPT、作业、教学视频等学习资源,因此,用户在浏览课程学习资源时,先进入课程检索页面 SelectLesson.jsp,输入课程名检索到自己感兴趣的课程,单击查看详细,进入课程详细信息浏览页面 LessonDetail.jsp,浏览当前课程的课时信息,继续单击某个课时,跳转到课时详细信息浏览页面 LectureDetail.jsp,显示该课时所对应的学习资源,查看课程详细信息以及课时详细信息时,需要调用业务逻辑类

LectureService(课时管理类)、LessonService(课程管理类)以及数据库访问类 GenericDAO 的相关方法。图 6.13 给出了该过程的交互协作图。

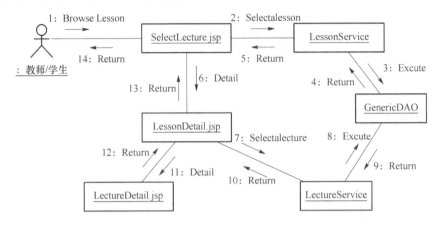

图 6.13　浏览学习资料的协作图

3. 学生在线提问问题

学生先进入"我要提问"页面 Question.jsp,在页面输入提问的标题,以及提问内容,而后单击提交按钮,系统将调用业务逻辑类 InteractService(在线互动类)的 saveAddQ 方法,保存提问的问题,保存操作时需要调用数据库访问类 GenericDAO 的相关方法,更新后台问题表 Question 中的数据。图 6.14 给出了该过程的交互顺序图。

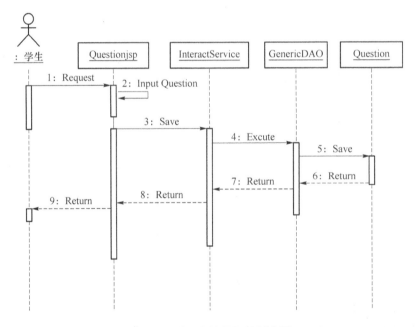

图 6.14　学生在线提问的顺序图

4. 教师答疑

教师在 SelectAllQuestion.jsp 页面查看所有学生对自己的提问,提问会按时间先后显示,并且标注是否已经回复。教师选择一个待回复的问题,进入答疑页面 Answer.jsp,输入回复内容后,单击提交按钮,最终回复信息会通过执行数据库访问类 GenericDAO 的相关方法被保存到后台的数据实体类 Answer 教师回复表中。

 请读者根据上面的文字提示,使用顺序图或者协作图表示出教师答疑的整个交互过程。

6.3.3　对象状态模型设计

状态图是用以描述一个对象在其生命周期内因响应事件所经历的状态变化序列。本系统中的学生对象、作业对象对于整个学习过程影响较大,下面将给出学生对象和作业对象的状态变化图。

学生对象有五个状态,分别为初始、等待审核(wait for check)、审核通过(check pass)、审核不通过(check not pass)和结束。学生首次登录系统时,填写个人账号信息申请注册,此时进入等待系统管理员的审核状态,当管理员审核通过,账号生效,该学生转换为审核通过状态,否则为审核不通过状态。学生对象的状态变换如图 6.15 所示。

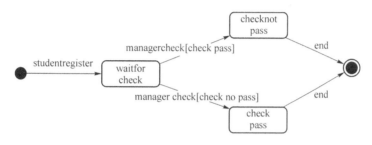

图 6.15　学生对象的状态图

作业对象先后有五个状态,分别为:初始、作业发布(work publish)、作业提交(work submit)、已批阅作业上传(rework upload)和结束。教师以课时为单位,发布该课时的作业,此时作业处于发布状态,当学生完成作业交由课代表统一提交作业时,则作业从发布状态变换为提交状态,而后教师下载并批阅作业,最终重新上传批阅后的作业供学生查阅,因此作业又从提交状态转换为已批阅作业上传状态。

 请读者根据提示文字,画出作业对象的状态图。

6.3.4　数据库设计

将实体类图转换为关系模型,并运用数据库范式要求来规范,得到 14 个关系模式,均达到第三范式,关系模式中每个属性不再可分,每个非主属性完全依赖于主属性,每个非主属性不传递依赖于主属性,14 个关系模式如下:

(1) 系统管理员 Manager(系统管理员 ID,密码)　 // 下画线表示是主属性

(2) 院系 Major(院系 ID,管理员 ID,院系名称)

(3) 教师 Teacher(教师 ID,院系 ID,密码,姓名,邮箱,注册时间)

(4) 学生 Student(学生 ID,院系 ID,登录名,密码,姓名,邮箱,性别,生日,注册时间)

(5) 课程 Lesson(课程 ID,教师 ID,关注人数,课程名称,教材封面路径)

(6) 课时 Lecture(课时 ID,课程 ID,课时名称,课时简介,资料名称,资料路径,视频路

径,习题答案名称,习题答案路径)

(7) 听课历史 History(学生 ID,课时 ID,评分,听课时间)

(8) 学生提问 Question(问题 ID,课时 ID,学生 ID,提问内容,状态,提问时间)

(9) 教师回复 Answer(回复 ID,教师 ID,问题 ID,回复内容,回复时间)

(10) 学生课程表 ClassLesson(学生 ID,课程 ID,关注时间)

(11) 作业提交 SubmitWork(流水 ID,课时 ID,学生 ID,作业名称,作业路径,提交时间,状态,已批作业名称,已批作业路径)

(12) 话题 Topic(话题 ID,标题,话题内容,发布者 ID,发布时间,评论 ID)

(13) 话题评论 Reply(评论 ID,评论内容,评论者 ID,评论时间)

(14) 公告通知 Notice(公告 ID,标题,公告内容,发布者 ID,发布时间,修改时间)

将上述的 14 个关系模式,在关系数据库 MySQL 中用二维表加以实现,下面将以表格形式描述表的各个字段的名称、类型、是否非空和是否是主外键。表的结构如表 6.4～表 6.17 所示。

表 6.4　Manager

序号	字段	中文名称	类型	非空	备注
1	manager_id	管理员编号	varchar(64)	是	主键
2	pwd	密码	varchar(20)	是	

表 6.5　Major

序号	字段	中文名称	类型	非空	备注
1	major_id	院系编号	varchar(64)	是	主键
2	Name	院系名称	varchar(20)	是	
3	managerId	管理员 ID	varchar(64)	是	外键

表 6.6　Teacher

序号	字段	中文名称	类型	非空	备注
1	teacher_id	教师编号	varchar(64)	是	主键
2	Password	密码	varchar(32)	是	
3	teaname	姓名	varchar(32)	是	
4	major_id	院系 ID	varchar(64)	是	外键
5	email	邮箱	varchar(64)	否	
6	regtime	注册时间	datetime	是	

表 6.7　Student

序号	字段	中文名称	类型	非空	备注
1	stu_id	学生编号	varchar(64)	是	主键
2	pwd	密码	varchar(20)	是	
3	name	姓名	varchar(64)	是	

续表

序号	字段	中文名称	类型	非空	备注
4	gender	性别	varchar(64)	是	
5	major_id	院系ID	varchar(64)	是	外键
6	email	邮箱	varchar(64)	否	
7	birthday	生日	varchar(64)	否	
8	regtime	注册时间	datetime	是	
9	state	账号状态	int	是	1：可用；2：审核不过

表6.8　Lesson

序号	字段	中文名称	类型	非空	备注
1	lesson_id	课程编号	varchar(64)	是	主键
2	name	课程名称	varchar(64)	是	
3	tea_id	教师ID	varchar(64)	是	外键
4	imgurl	封面图片	varchar(64)	是	
5	num	关注人数	int	否	

表6.9　Lecture

序号	字段	中文名称	类型	非空	备注
1	lec_id	课时编号	varchar(64)	是	主键
2	lesson_id	课程ID	varchar(64)	是	外键
3	name	课时名称	varchar(64)	是	
4	preview	课时简介	varchar(64)	是	
5	document	课堂资料	varchar(64)	否	
6	docurl	课堂资料路径	varchar(128)	否	
7	videourl	视频路径	varchar(128)	否	
8	awrname	课后答案名称	varchar(64)	否	
9	awrurl	课后答案路径	varchar(128)	否	

表6.10　Histroy

序号	字段	中文名称	类型	非空	备注
1	stu_id	学生ID	varchar(64)	是	主键
2	lec_id	课时ID	varchar(64)	是	主键
3	mark	评分	double	否	
4	time	听课时间	timestamp	是	

表 6.11 stulesson

序号	字段	中文名称	类型	非空	备注
1	lesson_id	课程编号	varchar(64)	是	主键
2	stu_id	学生 ID	varchar(64)	是	主键
3	time	关注时间	datetime	否	

表 6.12 submitwork

序号	字段	中文名称	类型	非空	备注
1	stream_id	流水 ID	varchar(64)	是	主键
2	lecture_id	课时 ID	varchar(64)	是	外键
3	stu_id	学生 ID	varchar(64)	是	外键
4	workname	作业名称	varchar(64)	是	
5	workurl	发布作业路径	varchar(64)	是	
6	submitworkurl	提交作业路径	varchar(64)	是	
7	sumittime	提交作业时间	datetime	是	
8	rworkurl	已批作业路径	varchar(64)	否	
9	rworkname	已批作业名称	varchar(64)	否	
10	workstate	作业状态	int	是	

表 6.13 question

序号	字段	中文名称	类型	非空	备注
1	question_id	问题编号	varchar(64)	是	主键
2	lec_id	课时 ID	varchar(64)	是	外键
3	stu_id	学生 ID	varchar(64)	是	外键
4	preQ	父问题 ID	varchar(64)	否	外键
5	content	提问内容	varchar(512)	是	
6	state	状态	int	是	1:未回复;2:已回复
7	timestamp	提问时间	datetime	是	

表 6.14 answer

序号	字段	中文名称	类型	非空	备注
1	answer_id	回复 ID	varchar(64)	是	主键
2	tea_id	教师 ID	varchar(64)	是	外键
3	question_id	问题 ID	varchar(64)	是	外键
4	content	回复内容	varchar(64)	是	
5	timestamp	回复时间	datetime	是	

表 6.15　topic

序号	字段	中文名称	类型	非空	备注
1	topic_id	话题 ID	varchar(64)	是	主键
2	title	话题标题	varchar(64)	是	
3	content	话题内容	varchar(64)	是	
4	publisher	发布者	varchar(64)	是	
5	publishtime	发布时间	datetime	是	
6	reply_id	评论 ID	varchar(64)	否	外键

表 6.16　reply

序号	字段	中文名称	类型	非空	备注
1	replyc_id	话题 ID	varchar(64)	是	主键
2	replycontent	评论内容	varchar(64)	是	
3	user_id	评论者 ID	varchar(64)	是	外键
4	replytime	评论时间	datetime	是	

表 6.17　notice

序号	字段	中文名称	类型	非空	备注
1	notice_id	通告 ID	varchar(64)	是	主键
2	ntitle	通告标题	varchar(64)	是	
3	ncontent	通告内容	varchar(64)	是	
4	npublisher	发布者	varchar(64)	是	
5	npublishtime	发布时间	datetime	是	
6	nupdatetime	修改时间	datetime	是	

6.4　面向对象实现

本节首先介绍本系统所采用的开发工具以及运行环境的要求;其次,根据 6.3.1 小节中界面类的设计方案,实现相关页面,文中将列出一些典型的页面,同时,将需要永久存储的系统实体类映射为数据库中的二维表;再次,对系统一些重难点模块的实现方法进行阐述,最后,给出系统最终的部署图。

6.4.1　系统开发软件和运行环境

系统开发软件和运行环境如下。
- 操作系统:Windows 7 系统。
- 架构:B/S(浏览器/服务器)结构。
- 开发语言:Java,JavaScript,HTML。
- 开发工具:My Eclipse,Dreamweaver,Photoshop。

- 本地开发环境配置：Jdk7，Tomcat 7.0。
- 数据库：MySQL 5.0。

开发框架：SSH(Spring 3.0.2 & Struts2 2.3 & Hibernate 3)，jQuery。

My Eclipse 在 Eclipse 基础之上，开发了很多简单易用的插件，组建成功能强大的企业级集成开发环境，主要用于 Java、Java EE 以及移动应用程序系统等的开发。

MySQL 是一个关系型数据库管理系统，具有速度快、体积轻巧、开放源代码等特性，因此成为很多中小型网站开发的首选。

Tomcat 是一款流行的免费开放源代码的轻量级 Web 应用服务器，在中小型系统和并发访问用户不是很多的场合下广受欢迎。

SSH 框架是 JavaEE Web 开发中最为流行的框架整合方式，即 Spring + Struts2 + Hibernate。Struts 是系统的整体基础框架，它对 Model，View 和 Controller(MVC)都提供了对应的组件。Spring 是轻量级的框架，负责管理、整合 Struts 与 Hinernate 框架。Hibernate 是数据访问层(也可以称为持久层)的开源对象关系映射框架，它对 JDBC 进行了封装，让开发人员以面向对象的思想实现对数据库的操作。

6.4.2 系统的物理实现构件

本节的任务是将前面章节中分析及设计的成果映射为可以实现的物理构件，后续两节将分别从交互界面以及程序代码分别介绍这些构件的具体实现细节。

本系统共有 4 个子系统，分别为用户管理子系统、学习资源管理子系统、课程学习子系统和后台公共数据管理子系统，前三个子系统的物理实现构件对应图 6.16 至图 6.18 中的三个包。每个包均采用三层架构的思想来实现，即嵌套三个内层包，分别为界面 UI 包、业务逻辑包和数据访问包，根据 6.3 节类的设计结果，得到内层包中的物理构件。例如，用户管理的界面 UI 包中主要有登录页面 Login.jsp、学生注册页面 Register.jsp、个人账户管理页面 InfManage.jsp、密码修改页面 Pwd.jsp、学生信息后台管理页面 StuBackManage.jsp、教师信息后台管理页面 TeaBackManage.jsp、系管理员添加页面 AddDepartManger.jsp 和系管理员后台维护页面 EditDepManger.jsp 八个页面；用户管理的业务逻辑包中主要有用户登录类 UserLoginService、学生信息管理类 StuInfoService、教师信息管理类 TeacherInfoService 和后台用户管理类 UserBackManageService 四个类；数据访问包是整个系统共用的，其中就只有一个数据访问类 GenericDAO，如图 6.16 所示。

学习资源管理的界面 UI 包中主要有课程添加页面 AddLesson.jsp、课时添加页面 AddLecture.jsp、课时操作选择页面 SelectOperationLec.jsp、上传课时学习资料页面 SaveLecResource.jsp、更新学习资料页面 UpdateLecResource.jsp、下载学习资料页面 DownLecResource.jsp、课程检索页面 SelectLesson.jsp、浏览推荐课程页面 recLesson.jsp、课程详细信息浏览页面 LessonDetail.jsp、课时详细信息浏览页面 LectureDetail.jsp、提交作业页面 SubmitWork.jsp、教师查看并下载已提交作业 DownSubmitWork.jsp、教师上传已批阅作业及答案 SaveReWork.jsp 和学生下载已批阅作业 DownReWork.jsp 十四个页面；学习资源管理的业务逻辑包中主要涉及的类有课程管理类 LessonService、课时管理类 LectureService 和作业管理类 HomeWorkService 三个类，如图 6.17 所示。

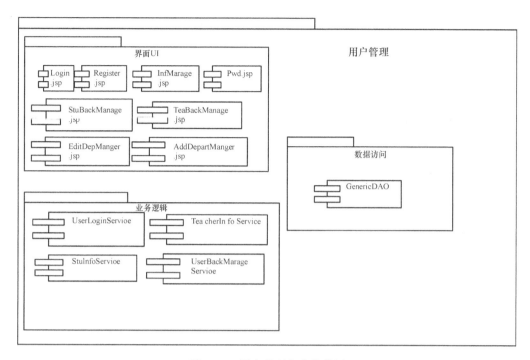

图 6.16 用户管理包的构件图

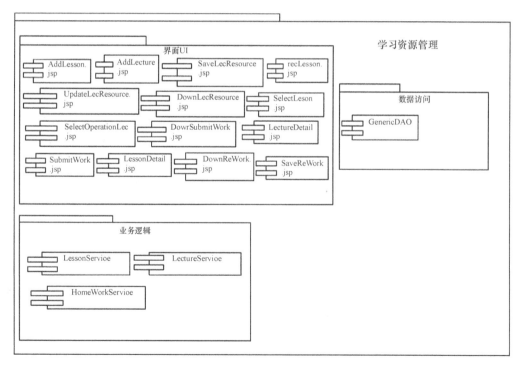

图 6.17 学习资源管理包的构件图

课程学习的界面 UI 包中主要有课程关注页面 LessonAttention.jsp、在线观看视频页面 WatchVedio.jsp、课时评价页面 EvaluteLecture.jsp、个人听课历史记录页面 History.jsp、在线提问页面 Question.jsp、查看个人提问页面 SelectMyQuestion.jsp、答疑页面

Answer.jsp、查看学生对老师的提问 SelectAllQuestion.jsp、话题发布页面 AddTopic.jsp、话题浏览检索页面 ShowAllTopic.jsp、话题讨论页面 Reply.jsp 和课代表管理页面 Monitor.jsp 十二个页面;课程学习的业务逻辑包中主要涉及的类有在线学习类 StudyService 和在线互动类 InteractService,如图 6.18 所示。

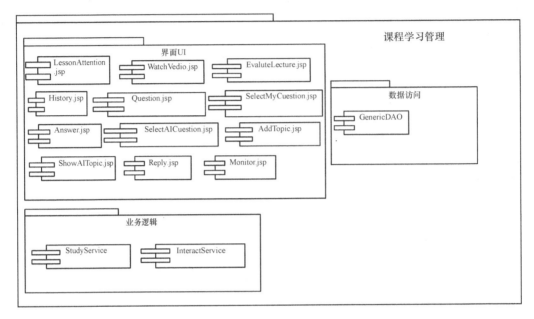

图 6.18　课程学习管理包的构件图

请读者将后台公共数据管理子系统中分析及设计的成果映射为可以实现的物理构件,画出构件图。

6.4.3　系统主要页面展示

本系统的页面较多,下面只列出一些主要的页面。

学生成功登录后进入的系统首页如图 6.19 所示,在此页面上,学生可单击相应的菜单选项进行操作。例如,查看在线课程,查看个人参与学习的课程,参与课程或话题互动,进入个人中心维护个人信息等。

系统课程推荐页面如图 6.20 所示,这些课程是由系统根据其关注的人数自动生成的,列表中列出每门课程的名称、课时、授课教师,用户也可单击"查看详细"按钮,浏览该课程的详细信息,如教材、课程简介、课时列表、学习资源等。

课程检索页面如图 6.21 所示,用户进入系统后,通过该页面检索自己感兴趣的课程,可以直接输入课程名称进行检索,也可根据教师姓名进行检索,或者同时给出多个条件综合检索。例如,图中是根据课程名和院系进行的综合搜索,检索的结果就是符合条件的课程列表。

学生查看自己所有提问的页面如图 6.22 所示,学生单击"我的提问"将进入到此页面,从上到下显示该学生的所有提问问题,包括每个提问对应的教师回复,同时可以针对某一问题进行追加提问,选中这一问题,在下方的输入框中输入相应的提问内容,然后单击"提交"按钮。

图 6.19　学生登录首页

图 6.20　系统课程推荐页面

教师添加课程页面如图 6.23 所示,添加课程时,需要添加课程名称、上传教材的封面截图。

教师添加课时页面如图 6.24 所示,课程添加好后,即可进入该页面,为每门课程添加课时,一门课程有多个课时,每个课时均需要添加如下的信息:课时名、课时简介、课堂资料、教学视频,后期还可以再为课时上传作业等。

课时信息维护页面如图 6.25 所示,教师添加好课时后,后期可以通过下面的页面维护编辑课时信息,如重新上传课时学习资源、删除某个课时、继续添加新课时等。

图 6.21　课程检索页面

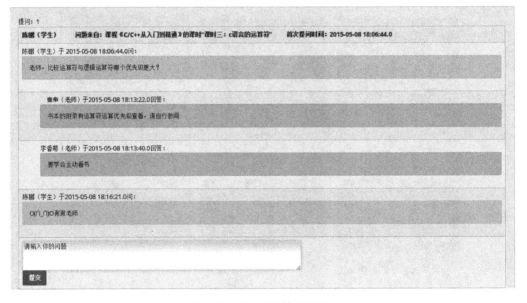

图 6.22　学生查看提问页面

图 6.23　添加课程页面

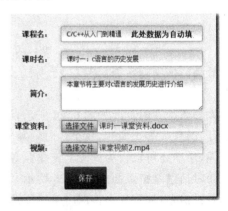

图 6.24　添加课时页面

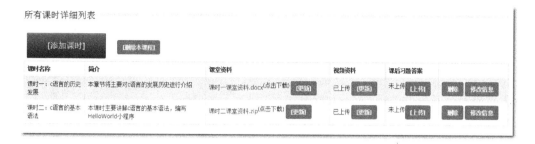

图 6.25 课时信息维护页面

学生查看课时学习资料的页面如图 6.26 所示,此页面上,学生能够浏览到一门课程的所有课时及其学习资料,如需要,学生可直接下载某个资源,也可选择"去听课"在线观看视频。

图 6.26 学生查看课时学习资料页面

课代表任命页面如图 6.27 所示,教师通过此页面为课程任命多个课代表,操作流程大致是:输入课程名称,下方将显示学习该课程的所有学生信息行,然后找到某个学生,单击其右侧的"任命为课代表"按钮,如果教师熟悉学生,也可输入学生姓名直接检索到该生,而后单击其右侧的"任命为课代表"按钮。

管理员后台管理页面如图 6.28 所示,这是拥有最高权限的系统管理员登录系统后的页面,能够添加维护教师信息、院系信息(包括添加系级管理员)、网站简介维护、公告通知维护、数据备份及还原等。

6.4.4 重难点模块的程序实现

1. 系统重难点实现一——文件的上传与下载

教师在新增课程时可以上传课程的封面,在课时管理中需要上传课堂资料、视频、课后习题与答案等,此外作业管理模块中也需进行作业的上传与下载,这些都涉及非文字数据的

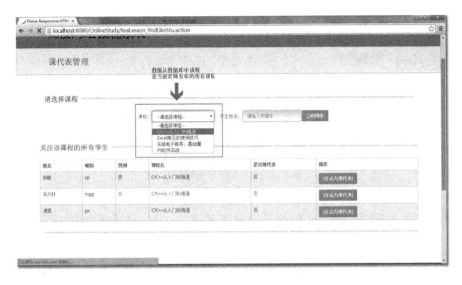

图 6.27　课代表任命页面

图 6.28　管理员后台管理页面

读取与存储,如何进行非文字数据的上传与下载是本系统的关键点之一。

本系统对于文件的上传与下载,采取的解决方案是将资料上传到服务器的指定文件夹,将文件路径与文件名保存在数据库中。该方法是把用户上传的文件的文件名以及文件在服务器中的存储地址保存到数据库中,把文件实用二进制流复制到服务器的指定路径下。当需要再次调用或者下载该文件时,只需要从数据库中读取文件名和存储的路径,再将文件以二进制的形式输出给用户,即可轻松地实现文件的上传与下载。Apache 公司开发了相关的jar 包,已经为开发者实现了基本操作的封装,我们只需要调用相应的 API 即可实现上传下载的功能。

以下给出该功能的核心代码。

- 配置文件 Function. xml,主要用于对上传的服务器地址和上传的文件的保存路径进行配置。

```
<?xml version = "1. 0" encoding = "UTF - 8"?>
<elecData>
  <!--上传文件路径-->
  <Function>
    <FunctionFilePath>D:/tomcat/apache - tomcat - 7. 0. 54/webapps/OnlineStudy</FunctionF-
ilePath>
  </Function>
  <!--图片服务器输出地址,url 访问地址 -->
  <FunctionServer>
    <FunctionServerFilePath>http://localhost:8080/OnlineStudy</FunctionServerFilePath>
  </FunctionServer>
</elecData>
```

• FileUploadHelper. java,由于本系统多个业务中涉及文件的上传与下载,因此对文件上传下载的重复固定且常用的操作进行了封装,创建了下面这个工具类。

```java
package bysj. chenp. OnlineStudy. util;

import java. io. File;
import java. net. URL;
import java. util. Iterator;

import org. dom4j. Document;
import org. dom4j. Element;
import org. dom4j. io. SAXReader;

public class FileUploadHelper {

    /***
     * 使用 Dom4j 解析 XML 格式文件
     * @param f:传递文件
     * @param rootStr:XML 格式文件根路径
     * @param filepath:XML 格式文件子路径
     * @return
     */
    public String xmlRead(File f, String rootStr, String filepath) {
        try {
            SAXReader reader = new SAXReader();
            Document doc = reader. read(f);
            Element root = doc. getRootElement();
            Element foo;
            String path = null;
```

```
                // 遍历根路径
                for (Iterator i = root. elementIterator(rootStr); i. hasNext();) {
                    foo = (Element) i. next();
                    // 查找子路径对应的文件 path
                    path = foo. elementText(filepath);
                }
                return path;
        } catch (Exception e) {
                e. printStackTrace();
                return null;
        }


    }
    /**
     * 获取 Function. xml 文件中的服务器路径, 从 Xml 格式文件获取
     * @return, 返回 xml 配置的附件服务器地址
     */
    public String getPath() {
            // 查找 WebRoot 下的 Function. xml
            // 查找 classpath 下
            URL url = this. getClass(). getClassLoader(). getResource("Function. xml");
            String path = url. getPath();
            File f = new File(path);
            // 返回 Xml 配置的附件服务器地址
            String basepath = this. xmlRead(f, "Function", "FunctionFilePath");
            return basepath;
    }


    /** 获取服务器地址 */
    public String getServerPath() {
            // 查找 WebRoot 下的 Function. xml
            // 查找 classpath 下
            URL url = this. getClass(). getClassLoader(). getResource("Function. xml");
            String path = url. getPath();
            File f = new File(path);
            // 返回 Xml 配置的附件服务器地址
            String basepath = this. xmlRead(f, "FunctionServer",
                        "FunctionServerFilePath");
            return basepath;
    }
}
```

- 下面以新增课时作为例子,演示该工具类 API 的调用以及上传功能的实现。

注意:在前台静态页面中,若要实现文件的上传,form 表单的属性"enctype"设置成"multipart/form-data",否则无法实现文件的上传。

```java
@Override
    public void saveLecture(Lectures lecture) {

        Lectures newLecture = new Lectures();
        Date date = new Date();
        //teacher 变成持久态!
        Lessons lessons = new Lessons();
        lessons.setLessonId(lecture.getLessonId());
        newLecture.setLessons(lessons);
        newLecture.setName(lecture.getName());
        newLecture.setPreview(lecture.getPreview());
        newLecture.setAvgmark(0d);
        File[] uploads = lecture.getUploads();
        String[] uploadsFileNames = lecture.getUploadsFileName();
        String[] uploadsContentTypes = lecture.getUploadsContentType();
        if(uploads != null && uploads.length > 0){
            //保存课堂资料
            newLecture.setDocname(uploadsFileNames[0]);
            //获得存储路径
            String docUrl = FileUploadUtils.fileUploadReturnPath(uploads[0], uploadsFileNames
[0], "lecture");
            newLecture.setDocument(docUrl);
            //保存视频
            String videoUrl = FileUploadUtils.fileUploadReturnPath(uploads[1], uploadsFileNames
[1], "lecture");
            newLecture.setVideourl(videoUrl);
        }
        teaLectureDao.save(newLecture);

    }
```

2. 系统重难点实现二——师生互动答疑解惑记录的展开显示

由于学生与教师之间就一个问题,需要进行多次来回地师生沟通。因此学生需要在原问题下继续追加新的提问,同样教师也应该可以针对同一个问题进行多次解答。当这些实现以后,那么应该如何从数据库中检索出一个问题的所有追加提问以及教师对每个追加问题的所有回答呢?而频繁的请求访问会增加系统的负担,如果一次请求能得到所有的数据,将非常有效地减少访问服务器的次数,提高系统的运行速度与稳定性。因此,如何在 service 层实现一次取出所有问题相关的追加提问与教师回复数据是本系统的重难点之一。

所采取的解决方案是,在问题表(Question 表)中添加字段 parentQ(父问题 ID),首先创建一个集合存放所有的父问题(即 parentQ 为空),然后在 POJO 对象 Question. class 中添加变量 List<Question>来存放子问题即追加提问,同时对父问题以及子问题进行遍历,一次读取问题相对应的教师所有回复并存放在变量 List<Answer>中,最后将父问题集合返回给视图层。

以下给出该功能的核心代码。

此处以学生查看自己的提问详情为例,展示上述的问题解决方案。

- control 层

```
//学生:查看我的所有问题
    public String findMyQues(){
        Student student = (Student) request. getSession(). getAttribute("existStu");
        if(student == null){
            addFieldError("errormsg", "请先登录");
            return "need2login";
        }
        List<Question> list = lectureService. findAllMyQues(student. getStuId());
        request. setAttribute("list", list);
        return "findMyQues";
    }
```

- service 层

```
//给 list 中的每个问题找答案!
        public void findAsw(List<Question> list){
            if(list != null && list. size() > 0){
                for(Question question : list){
                    DetachedCriteria detachedCriteria = DetachedCriteria. forClass(Answer.
class);
                    detachedCriteria. add(Restrictions. eq("question", question));
                    detachedCriteria. addOrder(Order. asc("timestamp"));
                    List<Answer> list2 = awrDao. findByCriteria(detachedCriteria);
                    question. setAwrList(list2);
                }
            }
        }
```

```
//查询子问题
        public void findChildQ(List<Question> list){
            if(list != null && list.size() > 0){
                for(Question question : list) {
                    DetachedCriteria detachedCriteria = DetachedCriteria.forClass(Question.class);
                    detachedCriteria.add(Restrictions.eq("question", question));
                    detachedCriteria.addOrder(Order.asc("timestamp"));
                    List<Question> list2 = queDao.findByCriteria(detachedCriteria);
                    this.findAsw(list2);
                    question.setChildQue(list2);
                }

            }
        }
```

```
//学生查询提问的问题
    @Override
    public List<Question> findAllMyQues(String stuId) {
        Student student = stuDao.findById(Student.class, stuId);

        DetachedCriteria criteria = DetachedCriteria.forClass(Question.class);
        criteria.add(Restrictions.isNull("question"));
        criteria.add(Restrictions.eq("student", student));
        criteria.addOrder(Order.desc("timestamp"));
        List<Question> list = queDao.findByCriteria(criteria);
        //给母问题找答案
        this.findAsw(list);
        //找子问题
        this.findChildQ(list);
        return list;
    }
```

3. 系统重难点实现三——多条件查询课程以及分页显示

由于多条件查询到很多课程后,如果检索到的课程数量过多,数据量过大,一次性加载到页面会造成页面的假死,给用户的体验非常不好,所以采用分页显示技术。但是,传统的分页不能实现带条件分页。本系统将用户请求的条件拼接成 get 请求形式的键值对,实现保留多条件的分页功能。另外,本系统的 jsp 页面采用了 struts2 标签,对用户输入的检索条件进行了回显,用户体验比较好。

以下给出该功能的核心代码。

本示例以学生多条件查询在线课程来展示上述解决方案的思路。

- 在 JavaBean 类 pageModel. java 定义如下属性：

```
private int pageno = 1;                    // 页码
private int pageSize = 6;                   // 每页记录数
private Map<String, String[]> parameterMap;
//响应数据
private long totalCount;                     // 总记录数
private List<T> pageData;                    // 当前页显示数据
//分页工具条显示需要数据
private int totalPage;                       // 总页数
private int beginPageno;                     // 开始页码
private int endPageno;                       // 结束页码
```

说明：其中，parameterMap 用来存储获得的多个条件的 Map 集合。下面的函数实现了对其中的集合进行字符串拼接，目的是方便后续实现带条件分页查询功能。

```
//将查询条件,转换 key = value & key = value 格式
public String getParamUrl() {
    String paramUrl = "";
    for (Entry<String, String[]> entry : parameterMap.entrySet()) {
        // 防止 pageno 重复拼入
        if (entry.getKey().equals("pageno")) {
            continue ;            // 跳过
        }
        paramUrl += "&" + entry.getKey() + "=" + entry.getValue()[0];
    }
    return paramUrl;
}
```

- 分页查询，service 层的分页实现的 utils 工具函数如下：

```
//分页查询 具体操作
protected <T> void findPageData(PageModel<T> pageModel,
        DetachedCriteria detachedCriteria, GenericDAO<T> dao) {
    // 1、查询 count( * )
    // select * -----> select count( * ) 投影
    detachedCriteria.setProjection(Projections.rowCount());
    long totalCount = dao.findTotalCount(detachedCriteria);
    pageModel.setTotalCount(totalCount);
    // 2、查询当前页数据 select *
    // select count( * ) -----> select * 清除投影
    detachedCriteria.setProjection(null);
    detachedCriteria.setResultTransformer(DetachedCriteria.ROOT_ENTITY);
```

```
// 计算 firstResult、maxResults
int pageno = pageModel.getPageno();
int pageSize = pageModel.getPageSize();
int firstResult = (pageno - 1) * pageSize;
int maxResults = pageSize;
List<T> pageData = dao.findPageData(detachedCriteria, firstResult,
            maxResults);
pageModel.setPageData(pageData);
}
```

- service 层带条件分页查询具体代码实现(以学生多条件查询在线课程为例)如下:

```
//按条件查找
@Override
public void findLessonByCondition(PageModel<Lessons> pageModel) {
    Map<String, String[]> parameterMap = pageModel.getParameterMap();
    String teacherName = getParameterValue(parameterMap, "teacherName");
    String majorId = getParameterValue(parameterMap, "majorId");
    String keyword = getParameterValue(parameterMap, "keyword");
    // 先查找符合条件的教师,根据教师姓名关键字和专业筛选教师
    DetachedCriteria teaDetachedCriteria = DetachedCriteria
            .forClass (Teacher.class);
    teaDetachedCriteria.createCriteria("major", Criteria.INNER_JOIN);
    if (StringUtils.isNotBlank (teacherName)) {
        teaDetachedCriteria.add(Restrictions.like ("name", "%" + teacherName
            + "%"));
    }
    if (majorId != null && StringUtils.isNotBlank (majorId)) {
        Major major = new Major();
        major.setMajorId(majorId);
        teaDetachedCriteria.add(Restrictions.eq ("major", major));
    }
    List<Teacher> teacherList = teacherDao
            .findByCriteria(teaDetachedCriteria);

    DetachedCriteria detachedCriteria = DetachedCriteria
            .forClass (Lessons.class);
    detachedCriteria.createCriteria("teacher", Criteria.INNER_JOIN);
    if (StringUtils.isNotBlank (keyword)) {
        detachedCriteria
                .add(Restrictions.like ("name", "%" + keyword + "%"));
    }
```

```
        if (teacherList ! = null & & teacherList. size() > 0) {
            detachedCriteria. add(Restrictions. in ("teacher", teacherList));
            findPageData(pageModel, detachedCriteria, stuLessonDao);
        } else {
            // 没有符合条件的教师,则必没有符合条件的课程
            pageModel. setTotalCount(0);
            pageModel. setPageData(null);
        }
        // 获得所有课程 list,分别添加总课时
    List<Lessons> lessonList = pageModel. getPageData();
        for (Lessons lessons : lessonList) {
            int count = findLectureTotalCount(lessons. getLessonId());
            lessons. setTotalLectures(count);
        }
    }
```

6.4.5 系统的部署

本系统最终是部署在新浪云端,整个系统分为客户端与服务器端,如图 6.29 所示,传统的应用服务器以及数据库服务器不再需要,取而代之的是分布式云服务器,用户只需在客户端,无论是台式机、笔记本还是移动终端,通过互联网进入云服务平台,可实现任意时间任意地点的无间断访问本网站。云环境下的高校网络教辅平台,节约了学习硬件设备购置和维护成本,由云平台提供基础设施服务,如数据存储、数据计算、信息的安全性保障、网络设备等;具有更强的计算能力和网络吞吐量,这是因为传统的在线学习网站一般只有一到两个服务器支撑,而云是由百万台服务器组成的服务器集群。

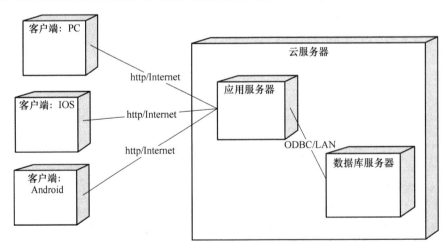

图 6.29 系统部署图

附录 A　Visio 2010 简介

1. Visio 概述

Visio 是微软公司推出的一款矢量绘图软件。该软件提供了一个标准的、易于上手的绘图环境，并配有整套范围广泛的模板、形状和先进工具。使用 Visio 创建的图表能够将信息形象化。它能够将难以理解的复杂文本和表格转换为一目了然的 Visio 图表，其优势如下：

- 对系统、资源、流程及其幕后隐藏的数据进行可视化处理、分析和交流，使图表外观更专业。
- 通过 Visio 连接形状和模板快速创建图表，提高工作效率。
- 使用图表交流并与多人共享图表。

下面介绍 Visio 2010 绘图环境。

Visio 绘图环境主界面如图 A1 所示，可以选择当前需要使用的模板种类，选择模板后可以进入绘图窗口如图 A2 所示。

- **模具**：指与模板相关联的图件（或称形状）的集合。利用模具可以迅速生成相应的图形。模具中包含了图件。
- **图件**：指可以用来反复创建绘图的图。
- **模板**：是一组模具和绘图页的设置信息，是针对某种特定的绘图任务或样板而组织起来的一系列主控图形的集合，利用模板可以方便地生成用户所需要的图形。

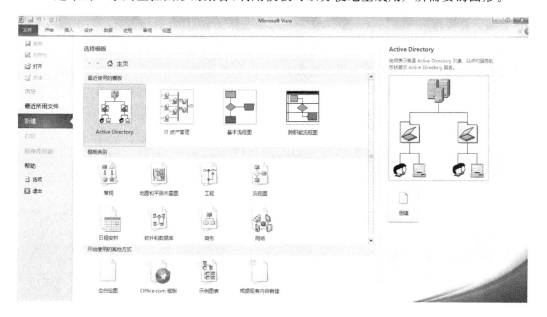

图 A1　Visio 主界面

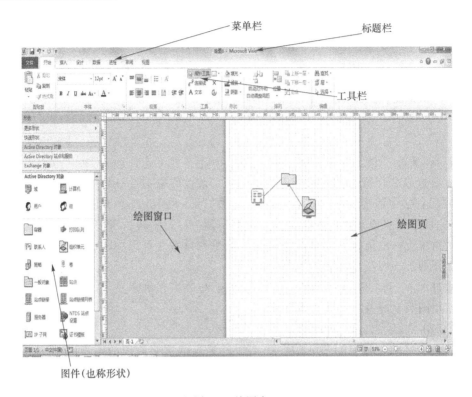

图 A2　绘图窗口

2. 利用 Visio 2010 绘制图形

下面先介绍 Visio 2010 中模具的创建,然后介绍 Visio 2010 绘制数据流程图、功能结构图、拓扑结构图、E-R 图的步骤,面向结构设计中其他图形的绘制步骤与此基本类似。

(1) Visio 建立新模具

有的时候系统默认的模具的形状并非完全符合绘图要求,此时用户可以自己定义模具,并加入一些形状。模具是包含形状的集合。每个模具中的形状都有一些共同点,这些形状可以是创建特定种类图所需的形状的集合。

① 单击"开始"页框中的"更多形状"在打开的菜单中选择"新建模具",如图 A3 所示。

② 在对话框中,选中"模具"右击,在弹出的对话框中选择"属性",如图 A4 所示,可以给模块命名。这里命名为"系统流程图",如图 A5 所示。

③ 单击"确定"按钮,在名称为"系统流程图"的模具上右击,选择"保存"按钮,如图 A6 所示。保存文件名"系统流程图",类型为"模具"。

④ 接下来将需要的图形元素添加到新建的"系统流程图"模具。

在"形状"窗体中依次打开"更多形状"→"流程图"→"基本流程图",选中图形元素"数据库",右击依次选择"添加到我的形状"→"系统流程图",如图 A7 所示,将数据库的图形元素添加到"系统流程图"模具中。

⑤ 在"基本流程图"及"混合流程图"中把相应图形元素添加到"系统流程图"模具。结果如图 A8 所示。

⑥ 同样,在"基本流程图"及"混合流程图"中把相应图形元素添加到"数据流程图"(假定之前已经创建)模具中。结果如图 A9 所示。

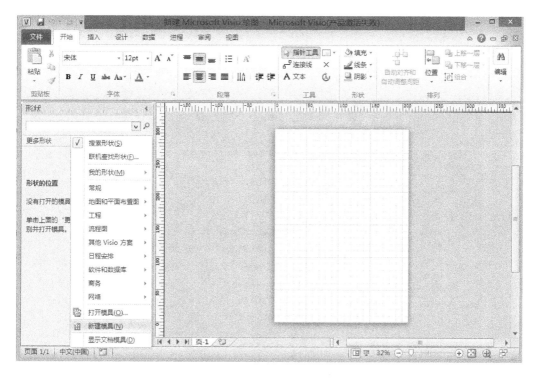

图 A3 打开"新建模具"对话框

图 A4 更改模具属性

图 A5 设置模具标题

（2）Visio 绘制数据流程图

第一步：打开一个"数据流程图"模板（数据流程图模具为自定义模具）。

① 启动 visio。

② 在"形状"窗口下依次单击"更多形状"→"我的形状"→"数据流程图"。

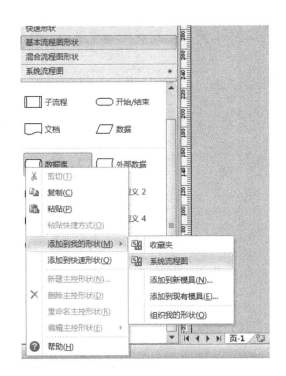

图 A6　保存新建的模具　　　　　图 A7　将形状添加到"系统流程图"

图 A8　添加其他形状　　　　　图 A9　将形状添加到"数据流程图"

　　第二步:拖动并连接形状。将形状从模具拖至空白页上并将它们相互连接起来,可以用连接线连接形状,这里使用自动连接功能(在菜单上勾选"自动连线"功能)。

　　① 将"外部实体"形状从"基本流程图"模具中拖至绘图页上然后松开鼠标按钮,如图 A10 所示。

　　② 将指针放在形状上,以便显示蓝色箭头,如图 A11 所示。

　　③ 将指针移到蓝色箭头上,蓝色箭头指向第二个形状的放置位置。此时将会显示一个

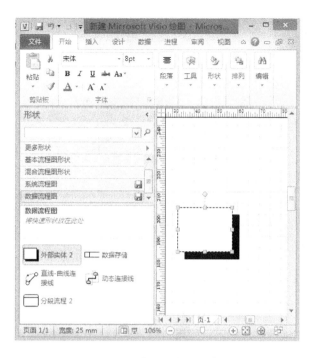

图 A10　拖动形状到画布

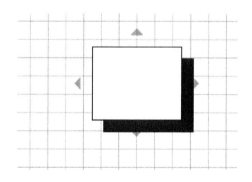

图 A11　显示"箭头"提示

浮动工具栏,该工具栏包含模具顶部的一些形状,如图 A12 所示。

④ 单击"分段流程 2"图形,两个形状之间自动连线,如图 A13 所示。

⑤ 给图形添加文字并更改连接线的属性。通过在图形上双击可以添加相应文字,同时选择连接线,右击选择"格式"可以改变连接线的属性,如图 A14 所示。

(3) Visio 绘制功能结构图

① 首先,在计算机上打开 Microsoft Visio 2010 绘图软件,如图 A15 所示。

② 在模板类型中选择商务类型,单击打开选择模板界面,可以找到组织结构图模板,如图 A16 所示。

③ 选择组织结构图模板,双击进入绘图界面,如图 A17 所示。

④ 从绘图界面左侧选取一个"经理"形状,拖到绘图框里,双击输入文字,如图 A18 所示。

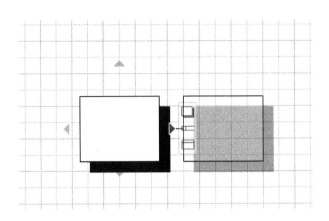

图 A12 利用向导绘制第 2 个形状

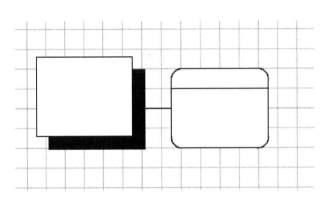

图 A13 自动连线

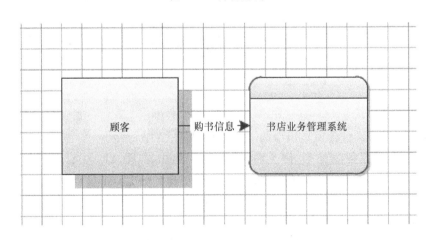

图 A14 改变文字及线条属性

⑤ 选择形状"多个形状",放到一级重叠位置,在弹出的对话框中输入二级形状的数量,如图 A19 所示。

⑥ 单击"确定"后,系统会自动生成连接线(勾选菜单中的自动连线功能),双击单个形状添加文字,如图 A20 所示。依此类推,可以添加三级图形。

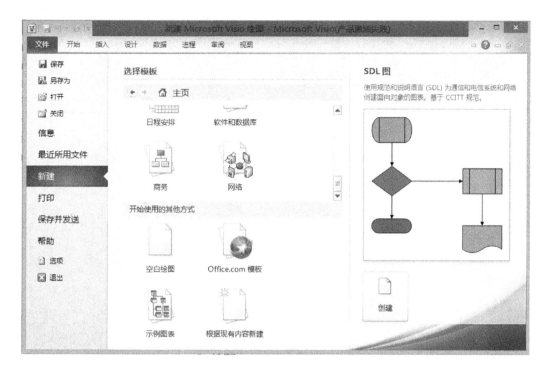

图 A15 打开 Microsoft Visio 2010 绘图软件

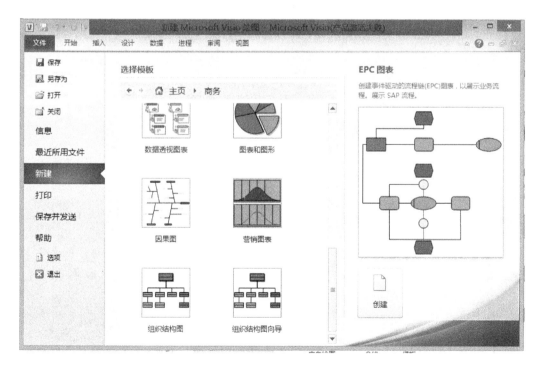

图 A16 打开组织结构图模板

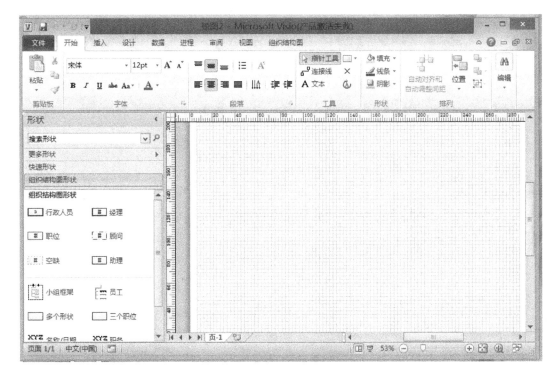

图 A17　进入绘图界面

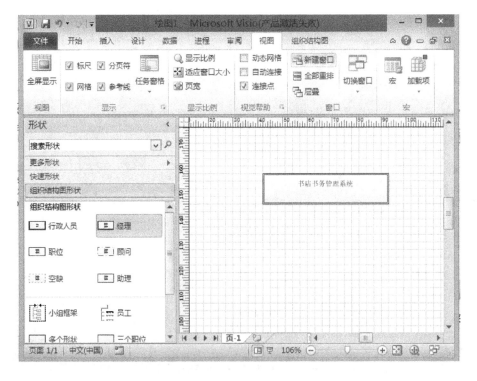

图 A18　绘制单个形状

图 A19　绘制第二层功能

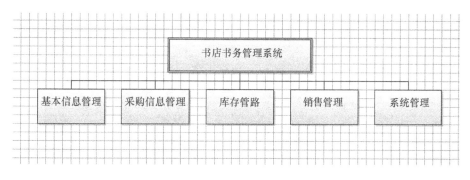

图 A20　添加文字及连线

（4）Visio 绘制网络拓扑图

① 首先，在计算机上打开 Microsoft Visio 2010 绘图软件，单击模板类型里的"网络"，在该模板下可以找到"基本网络图"和"详细网络图"，这里选择"详细网络图"，如图 A21 所示。

② 单击"详细网络图"，单击"创建"进入绘图界面，在左侧形状列表里可以看到绘制详细网络图所需要的基本形状，如图 A22 所示。

③ 接下来绘制网络拓扑图。首先，单击左侧的形状列表，"更多形状"→"网络"→"计算机和显示器"，找到计算机和显示器形状，将图形拖到绘图面板，作为网络设备，如图 A23 所示。

④ 然后在"网络"下级菜单中找到绘制打印机、服务器、防火墙、无线接入等设备符号，并用连接线连接，如图 A24 所示。

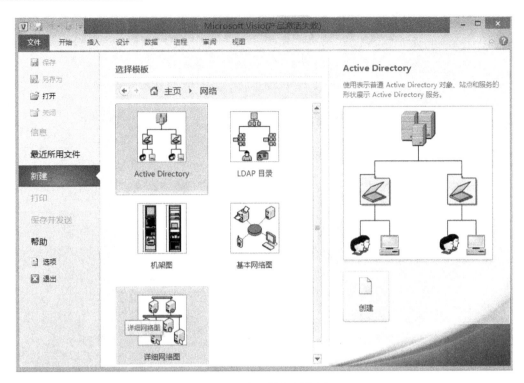

图 A21 打开详细网络图

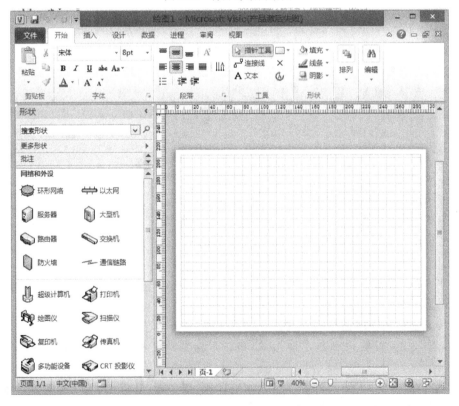

图 A22 绘制"详细网络图"的基本形状

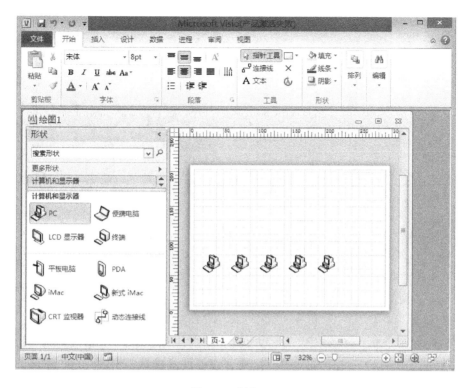

图 A23 添加 PC

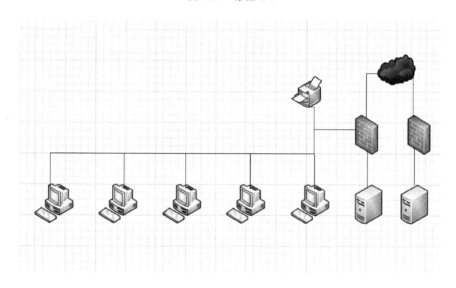

图 A24 整体拓扑结构图

⑤ 最后在设备上双击添加设备注释,经过以上操作,一张简单的网络拓扑图就绘制完成了,如图 A25 所示。

(5) Visio 绘制 E-R 图

由于 Visio 2010 默认的绘图模板并没有 E-R 图这一项,所以就得先把必要的图形添加到 E-R 图模具(假设 E-R 图模具已经创建完成)。

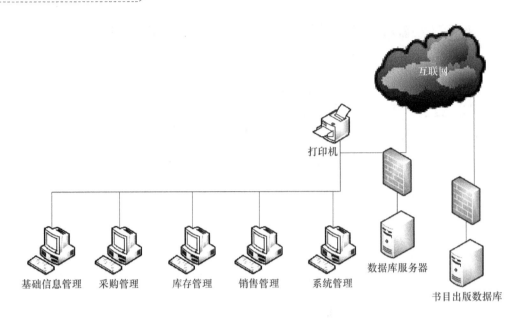

图 A25　修饰完成的拓扑结构图

　　① 先在"更多形状"→"流程图"→"基本流程图形状"中找到长方形和菱形,在"更多形状"→"流程图"→"混合流程图形状"中找到直线曲线连接线。分别右击"添加到我的形状"→"E-R 图",这样我们就把菱形、长方形、连接线添加到了新模具"E-R 图"中。用同样的思路,在"软件数据库"→"软件"→"数据流图表形状"找到椭圆,添加到模具"E-R 图"中。添加完成后,我们就可以在画 E-R 图时打开该模具(文件→形状→打开模具),E-R 图所有的元素都会在一个模具中显示出来了,如图 A26 所示。

图 A26　添加完成的 E-R 图模具

② 利用"E-R 图"模具来绘图。打开模具，拖动"E-R 图"模具中的形状至空白页上并将它们相互连接起来,可以用连接线连接形状。通过在图形上双击可以添加相应文字,同时选择连接线,右击选择"格式"可以改变连接线的属性,如去掉箭头等。绘制的 E-R 图如图 A27 所示。

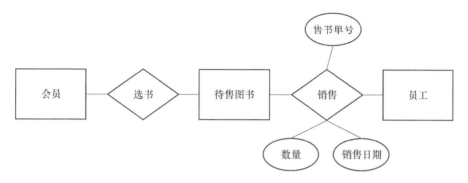

图 A27 绘制完成的 E-R 图

附录 B Rational Rose 简介

Rational Rose 是 Rational 公司出品的一种面向对象的统一建模语言的可视化建模工具,Rose 模型包括所有框图、对象和其他模型元素,均被保存在一个扩展名为. mdl 的文件中。

1. 环境简介

(1) Rational Rose 可视化环境组成

Rose 界面的五大部分分别为浏览器、文档窗口、工具栏、框图窗口和日志,如图 B1 所示。浏览器用于在模型中迅速漫游;文档工具用于查看或更新模型元素的文档;工具栏用于迅速访问常用命令;框图窗口用于显示和编辑一个或几个 UML 框图;日志用于查看错误信息和报告各个命令的结果。

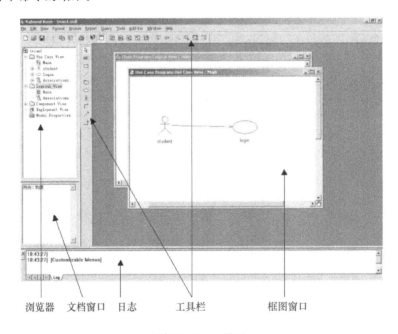

图 B1 Rose 界面

(2) 浏览器和视图

浏览器是层次结构,用于在 Rose 模型中迅速漫游。在浏览器中显示了模型中增加的一切,如参与者、用例、类、组件等。Rose 浏览器如图 B2 所示。

浏览器中包含四个视图:Use Case 视图、Logical 视图、Component 视图和 Deployment 视图。右击每个视图,选择"New"就可以看到这个视图所包含的一些模型元素,如图 B2 所示。

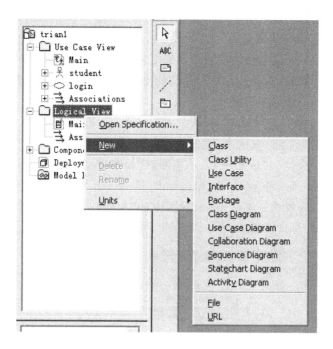

图 B2 Rose 浏览器

（3）框图窗口

在图 B3 所示的框图窗口中，可以浏览模型中的一个或几个 UML 框图。改变框图中的元素时，Rose 自动更新浏览器。同样用浏览器改变元素时，Rose 自动更新相应框图。这样，Rose 就可以保证模型的一致性。

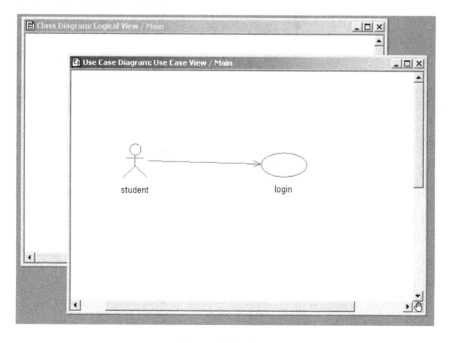

图 B3 框图窗口

2. UML 各类框图的建立

(1) 建立用例图

用例图(Use Case Diagram)描述的是系统需求,包括系统的功能以及内外部如何交互。用例是系统提供的功能,参与者是系统与外部的交互者,参与者可以是人、系统或其他实体。一个系统可以创建一个或多个用例图。

① 创建用例图

在浏览器内的 Use Case 视图中,双击 Main,如图 B4 所示,让新的用例图显示在框图窗口中。也可以新建一个包(右击 Use Case 视图,选择"New"→"Package",并命名),然后右击新建的包,选择"New"→"Use Case Diagram"。

对系统总的用例一般画在 Use Case 视图中的"Main"里,如果一个系统可以创建多个用例图,则可以用包的形式来组织。

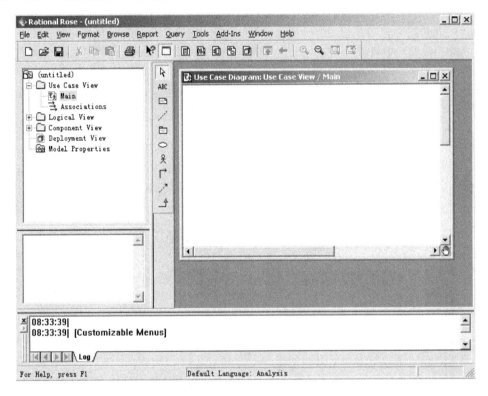

图 B4　创建用例图

② 创建参与者

a. 在工具栏中选择"Actor",光标的形状变成加号。

b. 在用例图中要放置参与者符号的地方单击,键入新参与者的名称,如"客户"。

若要简要地说明参与者,可以执行以下步骤:

a. 在用例图或浏览器中双击参与者符号,打开对话框,如图 B5 所示,而且已将原型(stereotype)设置定义为"Actor"。

b. 打开"General"选项卡,在"Documentation"字段中写入该参与者的简要说明。

c. 单击"OK"按钮,即可接受输入的简要说明并关闭对话框。

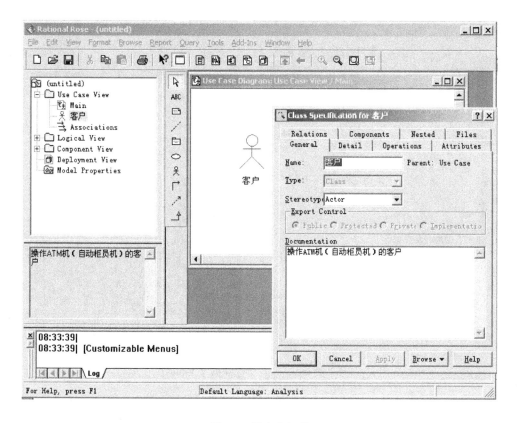

图 B5　创建参与者

③ 创建用例

a. 在工具栏中选择"Use Case",光标的形状变成加号。

b. 在用例图中要放置用例符号的地方单击,键入新用例的名称,如"存款"。

若要简要地说明用例,可以执行以下步骤:

a. 在用例图或浏览器中双击用例符号,打开对话框,如图 B6 所示,接着打开"General"选项卡。

b. 在"Documentation"字段中写入该用例的简要说明。

c. 单击"OK"按钮,即可接受输入的简要说明并关闭对话框。

④ 记录参与者和用例之间的关系

a. 从工具栏中选择关联关系箭头。

b. 将光标定位在用例图中的参与者上,单击并将光标移动到用例符号上,然后释放鼠标左键,如图 B7 所示。

若要简要地说明关系,可以执行以下步骤:

a. 在用例图中双击关联关系符号,打开对话框。

b. 在默认情况下,将显示对话框中的"General"选项卡。

c. 在"Documentation"字段中写入简要说明。

d. 单击"OK"按钮,即可接受输入的简要说明并关闭对话框。

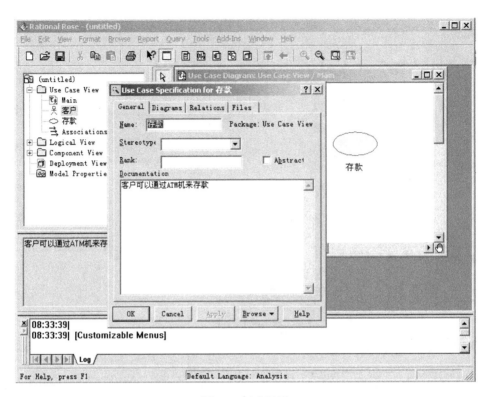

图 B6　创建用例

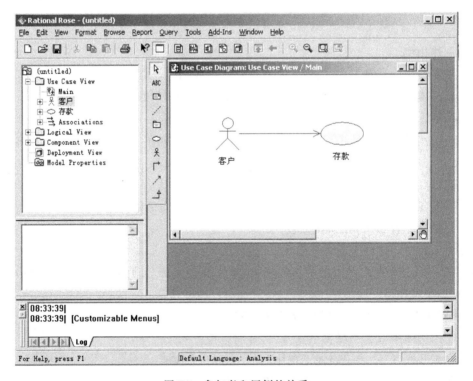

图 B7　参与者和用例的关系

⑤ 增加参与者之间的泛化关系

a. 从工具栏中选择泛化关系箭头。

b. 从子用例拖向父用例,也可从子参与者拖向父参与者,如图 B8 所示。

增加用例间的关系,如泛化、包含和扩展,方法类似。

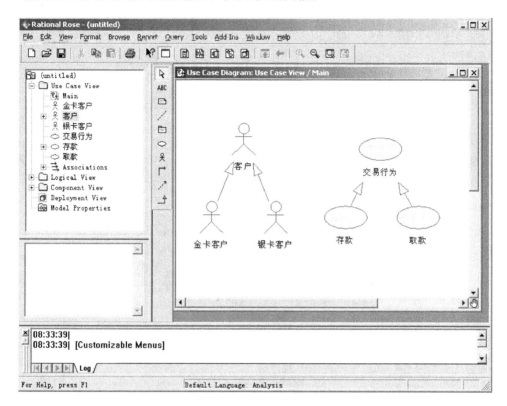

图 B8　增加泛化关系

（2）建立活动图

活动图（Activity Diagram）可以在分析系统业务时用来演示业务流,也可以在收集系统需求的时候显示一个用例中的事件流。活动图显示了系统中某个业务或者某个用例,要经历哪些活动,以及这些活动按什么顺序发生。

① 创建活动图

a. 用于分析系统业务:在浏览器中右击 Use Case 视图,选择"New"→"Activity Diagram",如图 B9 所示。

b. 用于显示用例中的事件流:在浏览器中选中某个用例,然后右击这个用例,选择"New"→"Activity Diagram"。

② 增加泳道

泳道用于为活动进行分组设计,一个泳道包含特定人员或组织要进行的所有活动。可以按照活动的履行者把框图分为多个泳道,每个泳道对应一个履行者。

在工具栏选择"Swimlane"按钮,然后单击框图增加泳道,最后用人员或组织给泳道命名,如图 B10 所示。

图 B9　创建活动图

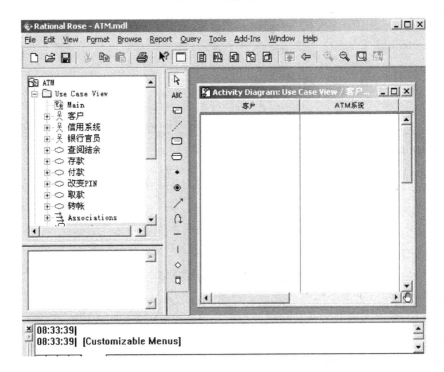

图 B10　增加泳道

③ 增加活动并设置活动的顺序

a. 在工具栏中选择"Activity"按钮,单击活动图增加活动,命名活动。

b. 在工具栏中选择"Transition"按钮,把箭头从一个活动拖向另一个活动,如图 B11 所示。

④ 增加同步棒(分叉和联结)

a. 选择"Synchronization"工具栏按钮,单击框图来增加同步棒(分叉符号)。

b. 画出从活动到同步棒的交接箭头,表示在这个活动之后开始并行处理。

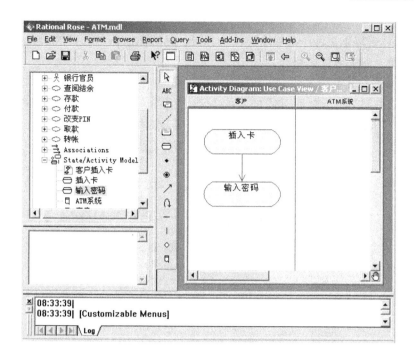

图 B11　增加活动

c. 画出从同步棒到可以并行发生的活动之间的交接箭头。

d. 创建另一同步棒(联结符号),表示并行处理结束。

e. 画出从同步活动到最后同步棒之间的交接箭头,表示完成所有这些活动之后,停止并行处理。

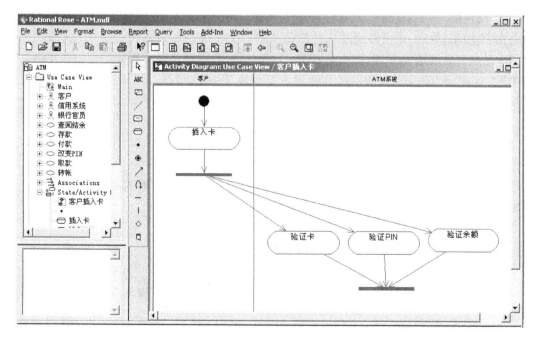

图 B12　增加同步

⑤ 增加决策点

决策点表示可以采取两个或多个不同的路径。从决策到活动的交接箭头要给出决策条件,控制在决策之后采取什么路径。

a. 选择"Decision"工具栏按钮,单击框图增加决策点。

b. 拖动从决策到决策之后可能发生的活动之间的交接,双击交接,打开"Detail"选项卡,在"Guard Condition"字段中写入决策条件,如图 B13 所示。

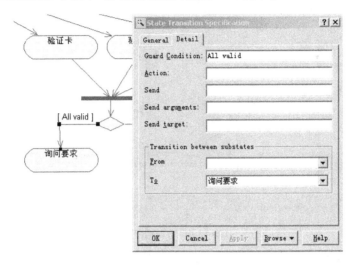

图 B13　增加决策点

(3) 建立类图

类图(Class Diagram)显示系统之中类和类之间的交互。

① 创建类

在 Rational Rose 中可以通过几种途径来创建类。最简单的方法是利用模型的 Logic 视图中的类图标和绘图工具,在图中创建一个类。或者,在浏览器中选择一个包并使用快捷菜单的"New"→"Class",如图 B14 所示。一旦创建了一个类,就可以通过双击打开它的对话框并在"Documentation"字段中添加文本来对这个类进行说明。

② 创建方法

a. 选择浏览器中或类图上的类。

b. 使用快捷菜单的"New"→"Operation",如图 B15 所示。

c. 输入方法的名字,可在"Documentation"字段中为该方法输入描述其目的的简要说明。

③ 创建属性

a. 参照图 B15,选择浏览器中或类图上的类。

b. 使用快捷菜单的"New"→"Attribute"。

c. 输入属性的名字,可在"Documentation"字段中为该属性输入描述其目的的简要说明。

④ 创建类图

右击浏览器内的 Logical 视图,选择"New"→"Class Diagram"。把浏览器内的类拉到

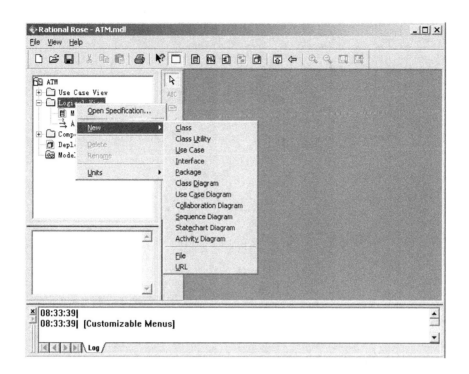

图 B14　创建类

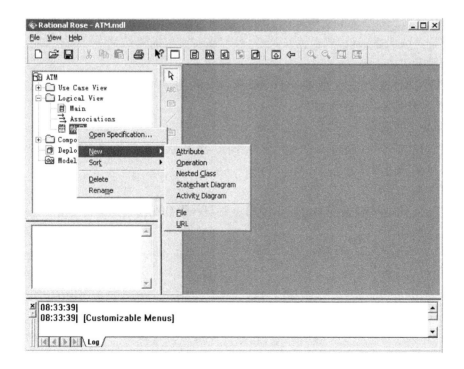

图 B15　创建方法和属性

类图中即可,如图 B16 所示。

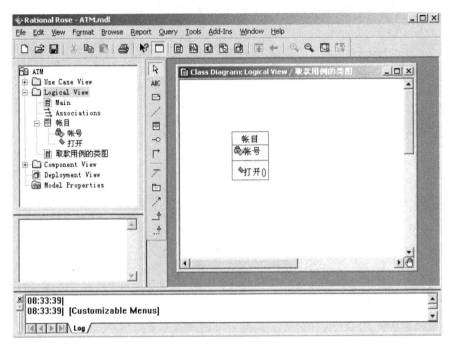

图 B16　创建类图

⑤ 创建类之间的关系

a. 类之间的关系在工具栏中显示。

b. 对于关联关系来说,双击关联关系,就可以在弹出的对话框中对关联的名称和角色进行编辑,如图 B17 所示。

c. 编辑关联关系的多重性:右击所要编辑的关联的一端,从弹出的菜单中选择"Multiplicity",然后选择所要的基数如图 B18 所示。

(4) 建立交互图

交互图(Interaction Diagram)也称为协作图,描述对象之间如何交互协作完成一项功能,包括顺序图和通信图。

① 顺序图

顺序图(Sequence Diagram)显示多个对象按照一定的线性顺序进行交互。

a. 创建顺序图

在浏览器内的 Logic 视图中右击,选择"New"→"Sequence Diagram",就新建了一张顺序图。也可以在浏览器的 Use Case 视图中选择某个用例,然后右击这个用例,选择"New"→"Sequence Diagram"。创建顺序图如图 B19 所示。

b. 在顺序图中放置参与者和对象

顺序图中的主要元素之一就是对象,相似的对象可以被抽象为一个类。序列图中的每个对象代表了某个类的一个实例。

• 把用例图中的该用例涉及的所有参与者拖到 Sequence 图中。

• 选择工具栏中的"Object"按钮,单击框图增加对象。可以选择创建已有类的对象,

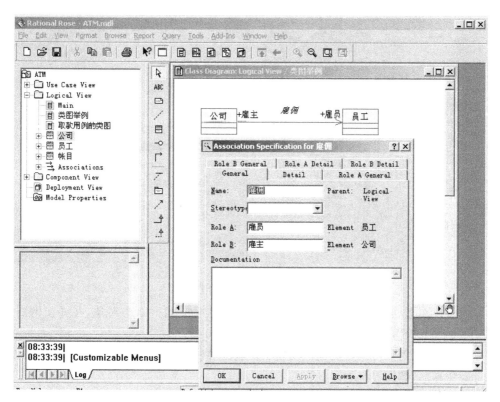

图 B17　创建类之间关联的名称和角色

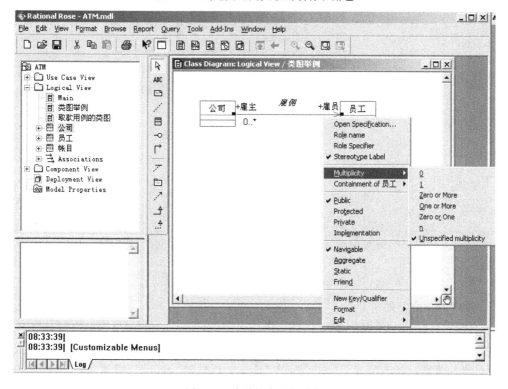

图 B18　关联的多重性编辑

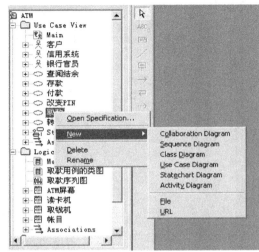

图 B19　创建顺序图

也可以在浏览器中新建一个类,再创建新的类的对象。双击对象,在弹出的对话框中的"Class"里确定该对象所属的类,如图 B20 所示。

- 对象命名:对象可以命名也可没名字。双击对象,在弹出的对话框中的"Name"里给对象取名,如图 B20 所示。

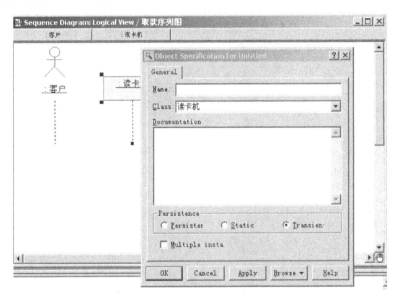

图 B20　放置参与者和对象

c. 说明对象之间的消息

- 选择"Message"工具栏按钮。
- 单击启动消息的参与者或对象,把消息拖到目标对象和参与者。
- 命名消息。双击消息,在对话框中"General"里的"Name"中输入消息名称,如图 B21 所示。

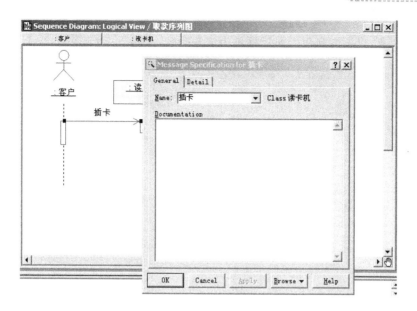

图 B21　对象之间的消息

② 通信图

通信图（Collaboration Diagram）又称为协作图，通信图的创建，以及在通信图中放置参与者及对象和顺序图类似。只不过对象之间的链接有所不同。

a. 增加对象链接

- 选择"Object Link"工具栏按钮。
- 单击要链接的参与者或对象。
- 将对象链接拖动到要链接的参与者或对象，如图 B22 所示。

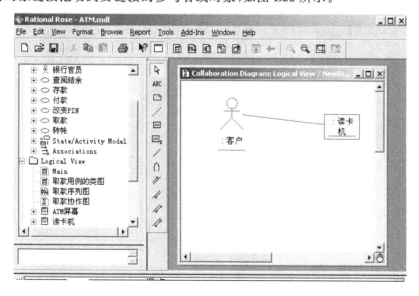

图 B22　增加对象链接

b. 加进消息

- 选择"Link Message"或"Reverse Link Message"工具栏按钮。

- 单击要放消息的对象链接。
- 双击消息,可以在弹出的对话框里为消息命名,如图 B23 所示。

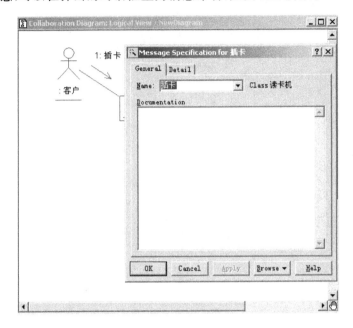

图 B23　加进消息

c. 自反链接

- 选择"Link to Self"工具栏按钮。
- 单击要链接的对象,会增加一个消息的箭头。
- 双击消息,命名自反链接,如图 B24 所示。

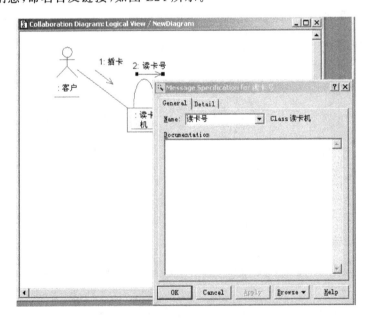

图 B24　建立自反链接

③ 顺序图和通信图之间的转换

在顺序图中按 F5 键就可以创建相应的通信图;同样,在通信图中按 F5 键就可以创建相应的顺序图。二者是同构的,也就是说两张图之间的转换没有任何信息的损失。

(5) 建立状态图

状态图(Statechart Diagram)显示了一个对象在其生命周期内所有可能存在的各种状态,如对象创建时的状态,对象删除时的状态,以及对象如何从一种状态转移到另一种状态,对象在一个状态内所包含的操作。

a. 创建状态图

• 在浏览器中右击类。

• 选择"New"→"Statechart Diagram",对该类创建一个状态图,并命名该图,如图 B25 所示。

b. 在图中增加初始状态和终止状态

• 选择工具栏的"State"按钮,单击框图增加一个状态,双击状态命名,如图 B26 所示。

• 选择工具栏的"Start State"和"End State",单击框图增加初始状态和终止状态。初始状态是对象首次实例化时的状态,状态图中只有一个初始状态。终止状态表示对象在内存中被删除之前的状态,状态图中有 0 个、1 个或多个终止状态,如图 B26 所示。

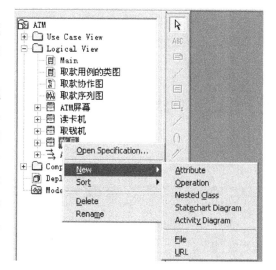

图 B25　创建状态图

c. 状态之间增加交接

• 选择"State Transition"工具栏按钮。

• 从一种状态拖到另一种状态。

• 双击交接弹出对话框,可以在"General"中增加事件(Event),如图 B27 所示,在"Detail"中增加保证条件(Guard Condition)等交接的细节,如图 B28 所示。事件用来在交接中从一个对象发送给另一个对象,保证条件放在中括号里,控制是否发生交接。

d. 在状态中增加活动

• 右击状态并选择"Open Specification"。

• 选择"Action"标签,右击空白处并选择"Insert",如图 B29 所示。

• 双击新活动(清单中有"Entry/")打开活动规范,在"Name"中输入活动细节。

(6) 建立构件图

构件图(Component Diagram)显示模型的物理视图,也显示系统中的软件构件及其相互关系。模型中的每个类映射到源代码构件。一旦创建构件,就加进构件图中,然后画出构件之间的相关性。构件间的相关性包括编译相关性和运行相关性。

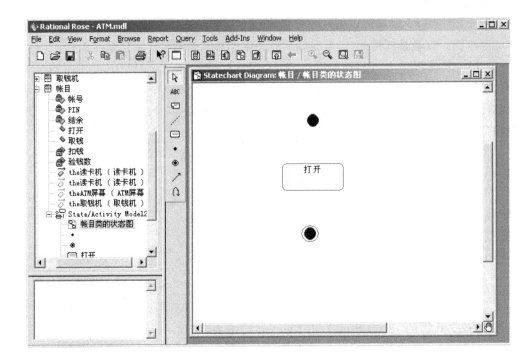

图 B26　增加状态

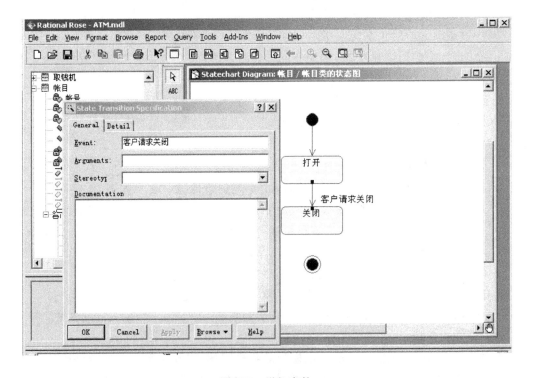

图 B27　增加事件

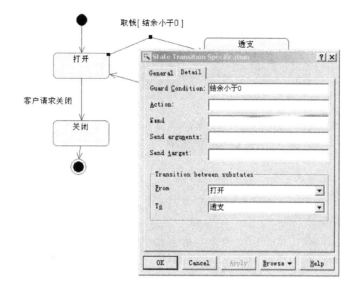

图 B28 增加保证条件

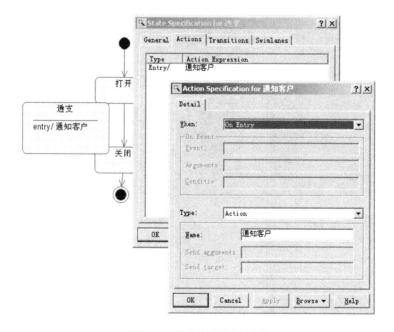

图 B29 在状态中增加活动

① 创建构件图

• 右击浏览器中的 Component 视图。

• 选择"New"→"Component Diagram",并命名新的框图,如图 B30 所示。

② 把构件加入框图

• 选择"Component"工具栏按钮,单击框图增加构件,并命名构件。

• 右击构件,选择"Open Specification",在"Stereotype"中设置构件版型,如图 B31 所示。

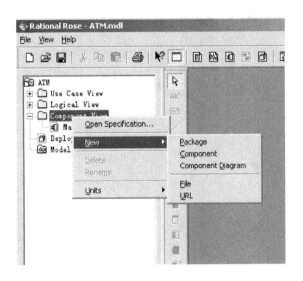

图 B30   创建构件图

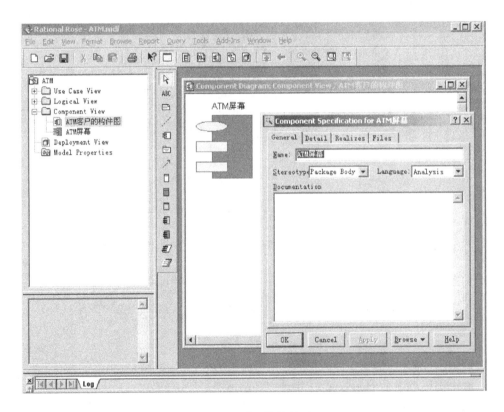

图 B31   设置构件版型

（7）建立部署图

部署图（Deployment Diagram）是将系统部署到物理节点上，图形元素包括处理器、设备、连接和过程。处理器是网络中处理功能所在的机器，包括服务器和工作站，不包括打印机扫描仪之类的设备。处理器用来运行进程(执行代码)。一个项目只有一个部署图。

① 创建部署图

- 双击 Deployment 视图。
- 选择"Processor"工具栏按钮,单击框图增加处理器,并命名处理器。
- 在 Deployment 视图中右击处理器并选择"New"→"Process",命名进程,如图 B32 所示。
- 在框图中右击处理器,勾选"Show Processes",可以在框图中显示该处理器的进程。

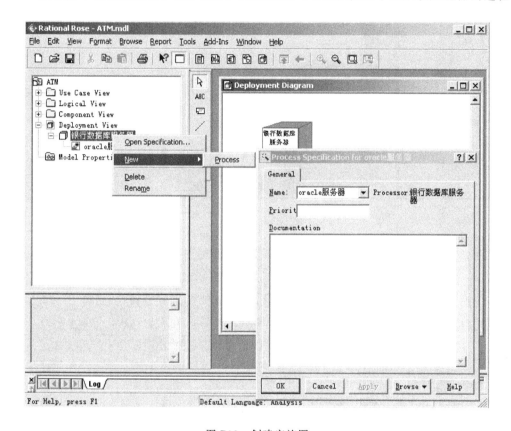

图 B32 创建实施图

② 把设备加入到框图中

- 选择"Device"工具栏按钮。
- 单击框图增加设备,并命名,如图 B33 所示。

③ 把连接加进框图

- 选择"Connection"工具栏按钮。
- 单击要连接的一个处理器或设备,拖动到要连接的另一个处理器或设备。
- 命名连接,如图 B34 所示。

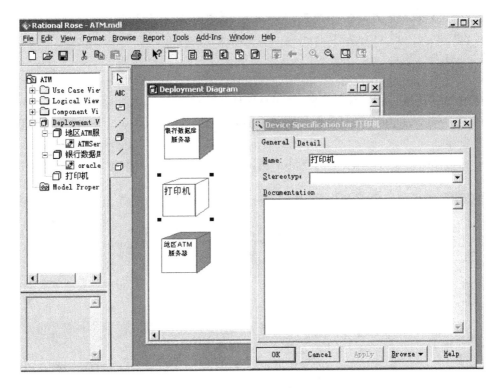

图 B33 加入设备

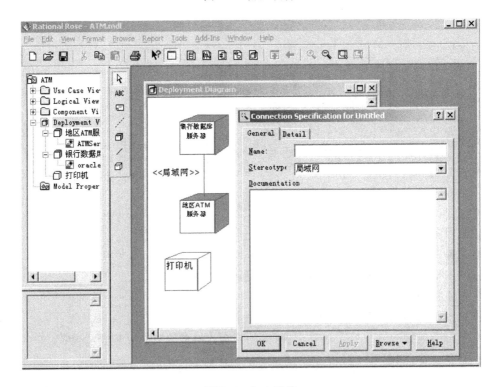

图 B34 加入连接

附录 C 书店书务管理系统模块场景法测试

本文档对应书中第 4.5.2 小节黑盒测试场景法,是书店书务管理系统的基础信息管理流程、库存管理流程、销售管理流程、采购管理流程场景法测试测试用例设计。其中 V 表示这个条件必须是有效的才可执行基本流,I 表示这种条件下将激活所需备选流,n/a 表示这个条件不适合用于测试用例。

场景法的基本设计步骤如下:

步骤 1.根据说明,描述程序的基本流及各项备选流。

步骤 2.根据基本流和各项备选流生成不同的场景。

步骤 3.对每一个场景生成相应的测试用例。

步骤 4.对生成的所有测试用例重新复审,去掉多余的测试用例,测试用例确定后,对每一个测试用例确定测试数据值。

1. 基础信息管理流程场景法测试测试用例设计

基础信息管理程序流程图如图 C1 所示。

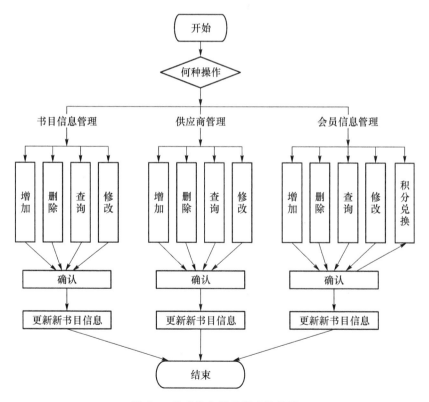

图 C1 基础信息管理程序流程图

（1）根据图 C1，描述程序的基本流及各项备选流如表 C1 所示。

表 C1　基础信息管理描述程序的基本流及各项备选流

		基础信息管理程序的流程
基本流	步骤 1	准备开始：人员进行账户登录验证和密码登录验证，以验证账户是否有效和输入的密码对该账户是否正确。如果成功则进入系统，否则退出系统，回到登录界面
	步骤 2	操作选择项：管理系统上的操作选项。本题中的操作选项为：书目信息管理、供应商管理和会员信息管理。
	步骤 3	进入选项界面：进行各选项下的操作，如进行增加操作，人员需将所对应的内容输入进去
	步骤 4	确认：人员对选项操作完成后进行确认自己的操作
	步骤 5	更新操作：对操作选项后的内容进行连接信息管理系统，并保存相关数据修改操作
	步骤 6	结束：退出管理信息系统
	用例结束时基础信息管理系统又回到开始操作界面	
备选流 1—账户无效	在基本流步骤 1 中验证账户时，如果账户的信息不存在，则登录失败，返回登录开始界面；成功则进入系统	
备选流 2—账户密码有误	在基本流步骤 1 中验证账户密码时，人员有 3 次机会输入密码。如果输入有误，系统会出现提示信息；如果还存在输入机会，则该事件还停留在基本流步骤 1 处重新加载基本流。如果最后一次输入的密码还有错，则该账户被系统锁定，同时系统返回准备开始状态	
备选流 3—系统退出	在基本流步骤 4 中，如果人员未进行确认操作，系统出于保护系统的安全，则进行系统退出，返回基本流步骤 1 状态，以确保系统信息的安全	
备选流 4—更新失败	在基本流步骤 5 中，进行更新选项时，对系统将检查操作是否是正确操作，若操作失败，系统会提醒操作失败，人员有选择结束或者重新修改操作，如果结束，则系统退出；如果返回修改，则将返回在基本流步骤 3 上重新加载选项界面进行选择	

（2）根据基本流和各项备选流生成进行不同的场景设计如表 C2 所示。

表 C2　根据基础信息管理基本流和备选流生成进行不同的场景设计

场景	处理流程
场景 1—更新成功	基本流
场景 2—账户无效	基本流→备选流 1
场景 3—账户密码错误（还有再输入机会）	基本流→备选流 2
场景 4—账户密码错误（不再有输入机会）	基本流→备选流 2
场景 5—系统退出	基本流→备选流 3
场景 6—更新失败（结束退出）	基本流→备选流 4
场景 7—更新失败（返回修改）	基本流→备选流 4

（3）对每一个场景生成相应的测试用例表如表 C3 所示。

表 C3　对基础信息管理每一个场景生成的测试用例

测试用例 ID 号	场景/条件	账户	密码	确认操作	更新操作	预期结果
1	场景 1：更新成功	V	V	V	V	更新成功
2	场景 2：账户无效	n/a	n/a	n/a	n/a	警告消息，账户不存在，进入系统失败，返回开始界面
3	场景 3：账户密码错误（还有不止一次机会）	V	I	n/a	n/a	警告消息，返回基本流步骤 1，输入密码
4	场景 3：账户密码错误（还有一次机会）	V	I	n/a	n/a	警告消息，返回基本流步骤 1，输入密码
5	场景 4：账户密码错误（不再有输入机会）	V	n/a	n/a	n/a	警告消息，账户被系统锁定，同时系统返回基本流步骤 1，准备开始
6	场景 5：系统退出	V	V	n/a	n/a	警告信息，返回基本流步骤 1，准备开始
7	场景 6：更新失败（结束退出）	V	V	V	n/a	警告信息，返回基本流步骤 1，准备开始
8	场景 7：更新失败（返回修改）	V	V	V	I	警告信息，返回基本流步骤 3，进入选项操作

（4）对生成的所有测试用例重新复审，去掉多余的测试用例，测试用例确定后，对每一个测试用例确定测试数据值，如表 C4 所示。

表 C4　复审基础信息管理测试用例

测试用例 ID 号	场景/条件	账户	密码	确认操作	更新操作	预期结果
1	场景 1：更新成功	WX	123	V	V	更新成功，增加书名《童话》成功，书，数目信息更新成功
2	场景 1：更新成功	WX	123	V	V	更新成功，删除书名《童话》成功，书，数目信息更新成功
3	场景 1：更新成功	WX	123	V	V	更新成功，查询书名《童话》成功，书，数目信息更新成功
4	场景 1：更新成功	WX	123	V	V	更新成功，修改书名《童话》为《一千零一夜》成功，书，数目信息更新成功
5	场景 1：更新成功	WX	123	V	V	更新成功，增加供应商：清华出版社成功，供应商信息更新成功
6	场景 1：更新成功	WX	123	V	V	更新成功，删除供应商：清华出版社成功，供应商信息更新成功

测试用例 ID 号	场景/条件	账户	密码	确认操作	更新操作	预期结果
7	场景1:更新成功	WX	123	V	V	更新成功,查询供应商:清华出版社成功,供应商信息更新成功
8	场景1:更新成功	WX	123	V	V	更新成功,修改供应商:清华出版社为东南大学出版社成功,供应商信息更新成功
9	场景1:更新成功	WX	123	V	V	更新成功,增加会员:wu 成功,会员信息更新成功
10	场景1:更新成功	WX	123	V	V	更新成功,删除会员:wu 成功,会员信息更新成功
11	场景1:更新成功	WX	123	V	V	更新成功,查询会员:wu 成功,会员信息更新成功
12	场景1:更新成功	WX	123	V	V	更新成功,修改会员:wu 为 li 成功,会员信息更新成功
13	场景1:更新成功	WX	123	V	V	更新成功,会员:wu 的积分兑换成功,会员信息更新成功
14	场景2:账户无效	n/a	n/a	n/a	n/a	警告消息,账户不存在,进入系统失败,返回开始界面
15	场景3:账户密码错误(还有不止一次机会)	WX	321	n/a	n/a	警告消息,返回基本流步骤1,输入密码
16	场景3:账户密码错误(还有一次机会)	WX	321	n/a	n/a	警告消息,返回基本流步骤1,输入密码
17	场景4:账户密码错误(不再有输入机会)	WX	321	n/a	n/a	警告消息,账户被系统锁定,同时系统返回基本流步骤1,准备开始
18	场景5:系统退出	WX	123	n/a	n/a	警告信息,返回基本流步骤1,准备开始
19	场景6:更新失败(结束退出)	WX	123	V	n/a	警告信息,返回基本流步骤1,准备开始
20	场景7:更新失败(返回修改)	WX	123	V	I	警告信息,返回基本流步骤3,进入选项操作

2. 库存管理流程场景法测试测试用例设计

库存管理流程图如图 C2 所示。

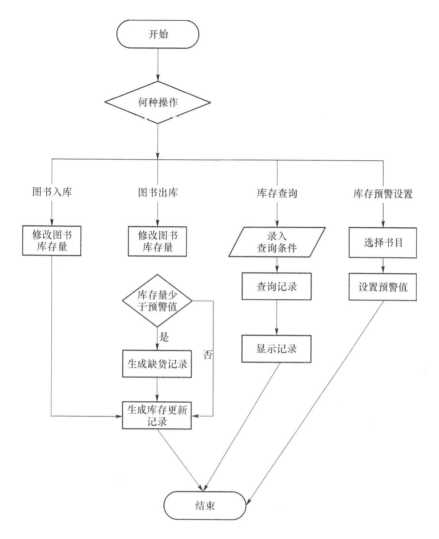

图 C2　库存管理流程图

（1）根据图 C2，描述程序的基本流及各项备选流如表 C5 所示。

表 C5　库存管理描述程序的基本流及各项备选流

库存管理流程		
	步骤 1	准备开始：库存管理员在系统开始时验证自己的身份和密码
基本流	步骤 2	操作选项：在这张图中，管理员的操作有库存查询，库存预警值设置，图书的出库与入库操作
	步骤 3	选择操作选项：管理员进行库存查询，图书的预警值设置，图书出库入库后修改图书库存量
	步骤 4	系统显示：管理员库存查询完系统会显示查询记录，设置完预警值之后系统也会显示操作成功，出库入库修改后，数据系统也会显示数据录入是否成功，并显示是否达到预警值

		库存管理流程
基本流	步骤5	更新操作:设置完预警值之后系统会自动更新;图书入库或出库都会修改图书库存量,其后系统也会主动更新
	步骤6	结束:所有操作成功后,退出管理系统
	用例结束时基础信息管理系统又回到开始操作界面	
备选流1—身份验证失败	在基本流步骤1中库存管理员身份可能验证失败,如果失败,系统返回首页,重新认证	
备选流2—库存少于预警值	在图书的出库过程中,图书库存量有可能少于自己设置的图书库存预警值,如果少于预警值,系统则需要生成缺货记录,或者重新将出库的图书重新入库,用以达到预警值	
备选流3—系统退出	在步骤3中系统可能因为管理员未确认自己的操作而直接退出系统,系统可能处于保护数据的原因而直接退出,来保护数据,重新返回步骤1来开始操作	
备选流4—生成更新记录失败	在步骤5中,更新操作可能因为系统自身的原因而出现错误,达不到更新的效果,以至于生成更新记录失败	

(2)根据基本流和各项备选流生成进行不同的场景设计如表 C6 所示。

表 C6 库存管理基本流和备选流生成进行的场景设计

场景	处理流程
场景1—操作成功	基本流
场景2—身份验证失败	基本流→备选流1
场景3—库存少于预警值	基本流→备选流2
场景4—系统退出	基本流→备选流3
场景5—生成更新记录失败	基本流→备选流4

(3)对每一个场景生成相应的测试用例表如表 C7 所示。

表 C7 对库存管理每一个场景生成测试用例

TC(测试用例)ID号	场景/条件	身份	密码	设置库存预警值	修改库存值	系统更新	确认操作	预期结果
CW1	操作成功	V	V	V	V	V	V	操作成功
CW2	身份验证失败	V	I	n/a	n/a	n/a	n/a	身份认证失败
CW3	库存少于预警值	V	V	V	V	V	V	库存少于预警值,返回步骤3,重新图书入库
CW4	系统退出	V	V	V	V	V	I	系统退出操作,返回步骤1,重新确认身份登录
CW5	生成更新记录失败	V	V	V	V	I	V	更新失败,返回步骤5,重新更新

(4)对生成的所有测试用例重新复审,去掉多余的测试用例,测试用例确定后,对每一个测试用例确定测试数据值,如表 C8 所示。

表 C8 复审库存管理测试用例

TC(测试用例)ID 号	场景/条件	身份	密码	设置库存预警值	修改库存值	系统更新	确认操作	预期结果
CW1	操作成功	01613128	098611	500	560	560	确认	操作成功
CW2	身份验证失败	01613128	080911	n/a	n/a	n/a	n/a	身份认证失败
CW3	库存少于预警值	01613128	098611	500	400	400	确认	库存少于预警值，返回步骤3，重新图书入库
CW4	系统退出	01613128	098611	500	560	560	未确认	系统退出操作，返回步骤1，重新确认身份登录
CW5	生成更新记录失败	01613128	098611	500	560	系统未更新	确认	更新失败，返回步骤5，重新更新

请读者对销售管理流程场景法测试测试用例设计，销售管理流程图如图 C3 所示。

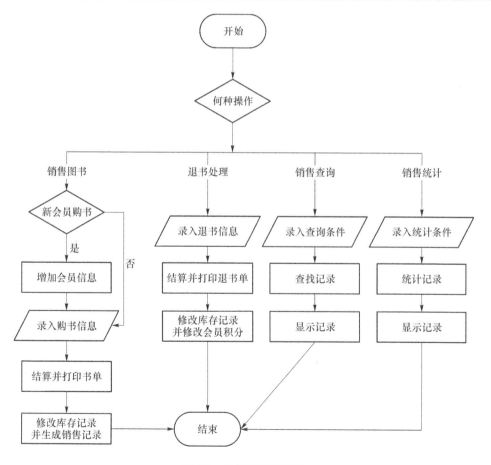

图 C3 销售管理流程图

请读者对采购管理流程场景法测试测试用例设计，采购管理流程图如图 C4 所示。

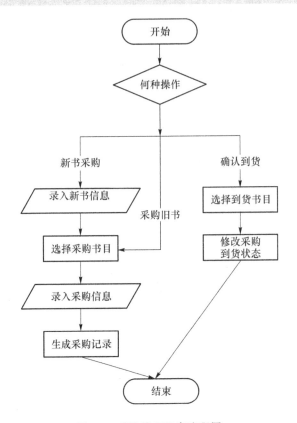

图 C4　采购管理程序流程图

附录 D　书店书务管理系统模块基路径测试

本文档对应书中第 4.5.2 小节黑盒测试基路径法,是书店书务管理系统的基础信息管理流程、库存管理流程、销售管理流程、采购管理流程基路径法测试测试用例设计。

基路径测试法主要步骤:

(1)以详细设计(或源代码)作为基础,导出程序的控制流图。

(2)计算控制流图的圈复杂度 V。圈复杂度 V 为程序逻辑复杂性提供定量的测度,该度量用于计算程序的基本独立路径数目,确保所有语句至少执行一次的测试数量的上界。

(3)确定独立路径的集合,即确定线性无关的路径的基本集。独立路径是指至少引入程序的一个新处理语句集合或一个新条件的路径,即独立路径必须包含一条在定义之前不曾使用的边。

(4)测试用例生成,确保基本路径集中每条路径的执行。

下面有几种方法计算控制流图的圈复杂度 V。

方法 1. 圈复杂度 $V = E - N + 2$,E 是流图中编的数量,N 是流图中结点的数量。

方法 2. 圈复杂度 V 为控制流图中的区域数。

方法 3. 圈复杂度 $V = P + 1$,P 是流图中判定(谓词)结点的数量。

方法 4. 从控制流图转化为连接矩阵,若图中某行含两个或两个以上项,则此行为一个判定结点。

1. 基础信息管理流程基路径法测试用例设计

(1)以基础信息管理流程图如附录 C 中图 C1 所示作为基础,导出程序的控制流图。

(2)计算控制流图的圈复杂性 V。

$$V(G) = 33(条边) - 22(个结点) + 2 = 13$$

(3)确定独立路径的集合,即确定线性无关的路径的基本集。

Path1:$1 \rightarrow 2 \rightarrow 3 \rightarrow 16 \rightarrow 19 \rightarrow 22$

Path2:$1 \rightarrow 2 \rightarrow 4 \rightarrow 16 \rightarrow 19 \rightarrow 22$

Path3:$1 \rightarrow 2 \rightarrow 5 \rightarrow 16 \rightarrow 19 \rightarrow 22$

Path4:$1 \rightarrow 2 \rightarrow 6 \rightarrow 16 \rightarrow 19 \rightarrow 22$

Path5:$1 \rightarrow 2 \rightarrow 7 \rightarrow 17 \rightarrow 20 \rightarrow 22$

Path6:$1 \rightarrow 2 \rightarrow 8 \rightarrow 17 \rightarrow 20 \rightarrow 22$

Path7:$1 \rightarrow 2 \rightarrow 9 \rightarrow 17 \rightarrow 20 \rightarrow 22$

Path8:$1 \rightarrow 2 \rightarrow 10 \rightarrow 17 \rightarrow 20 \rightarrow 22$

Path9:$1 \rightarrow 2 \rightarrow 11 \rightarrow 18 \rightarrow 21 \rightarrow 22$

Path10:$1 \rightarrow 2 \rightarrow 12 \rightarrow 18 \rightarrow 21 \rightarrow 22$

Path11:$1 \rightarrow 2 \rightarrow 13 \rightarrow 18 \rightarrow 21 \rightarrow 22$

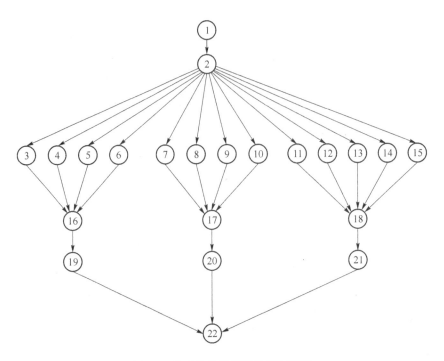

图 D1　基础信息管理模块控制流图

Path12：1→2→14→18→21→22

Path13：1→2→15→18→21→22

2. 库存管理流程基路径法测试用例设计

（1）以库存信息管理流程图如附录 C 中图 C2 所示作为基础，导出程序的控制流图。

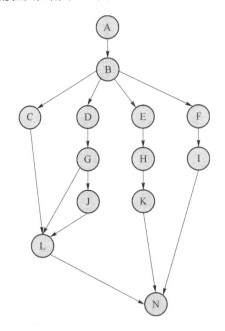

图 D2　库存管理模块控制流图

（2）计算控制流图的圈复杂性 V。

$$V(G)=16(条边)-13(个结点)+2=5$$

（3）确定独立路径的集合，即确定线性无关的路径的基本集。

Path1：A→B→C→L→N

Path2：A→B→D→G→L→N

Path3：A→R→D→G→J→L ，N

Path4：A→B→E→H→K→N

Path5：A→B→F→I→N

请读者对销售管理流程基本路径法测试用例设计，销售管理流程图如附录C图C3。

请读者对采购管理流程基本路径法测试用例设计，销售管理流程图如附录C图C4。

参 考 文 献

[1] 陶华亭. 软件工程实用教程[M]. 2 版. 北京:清华大学出版社,2012.

[2] 张海藩. 软件工程导论[M]. 5 版. 北京:清华大学出版社,2008.

[3] 史济民,顾春华,郑红. 软件工程——原理、方法与应用[M]. 3 版. 北京:高等教育出版社,2009.

[4] 孙秀杰,关胜,邵欣欣. 信息系统分析与设计实训教程[M]. 大连:东软电子出版社,2013.

[5] 许家珆,白忠建,吴磊. 软件工程——理论与实践[M]. 北京:高等教育出版社,2009.

[6] 谭庆平,毛新军,董威. 软件工程实践教程[M]. 北京:高等教育出版社,2009.

[7] 赛煜,刘文. 软件工程[M]. 大连:东软电子出版社,2013.

[8] 狄国强,杨小平,杜宾. 软件工程实验[M]. 北京:清华大学出版社,北京交通大学出版社,2008.

[9] 卫红春. UML 软件建模教程[M]. 北京:高等教育出版社,2012.

[10] 严悍. UML2 软件建模:概念、规范与方法[M]. 北京:国防工业出版社,2009.

[11] (美)Ronald J. Norman. 面向对象的分析与设计[M]. 周之英,等译. 北京:清华大学出版社,2000.

[12] 刁成嘉. UML 系统建模与分析设计[M]. 北京:机械工业出版社,2009.

[13] 蔡敏. UML 基础与 Rose 建模教程[M]. 北京:人民邮电出版社,2006.

[14] 周元哲. 软件测试[M]. 北京:清华大学出版社,2013.

[15] 宫云战. 软件测试教程[M]. 北京:机械工业出版社,2010.

[16] 佟伟光. 软件测试[M]. 北京:人民邮电出版社,2015.

[17] 毛志雄. 软件测试理论与实践[M]. 北京:中国铁道出版社,2008.

[18] 胡铮. 软件测试技术详解及应用[M]. 北京:科学出版社,2011.